Push your Career Publish your Thesis

Science should be accessible to everybody. Share the knowledge, the ideas, and the passion about your research. Give your part of the infinite amount of scientific research possibilities a finite frame.

Publish your examination paper, diploma thesis, bachelor thesis, master thesis, dissertation, or habilitation treatises in form of a book.

A finite frame by infinite science.

An Imprint of
Infinite Science GmbH
MFC 1 | Technikzentrum Lübeck
BioMedTec Wissenschaftscampus
Maria-Goeppert-Straße 1
23562 Lübeck
book@infinite-science.de
www.infinite-science.de

Herausgeber

Thorsten M. Buzug
Institute of Medical Engineering
University of Lübeck
buzug@imt.uni-luebeck.de

Reihe: Medizinische Ingenieurwissenschaft und Biomedizintechnik

Diese Reihe umfasst Werke der Medizinischen Ingenieurwissenschaft und Biomedizintechnik, deren Themen strategisch unter den Zukunftstechnologien mit hohem Innovationspotenzial anzusiedeln sind. Als wesentliche Trends dieser Forschungsgebiete, sind die Schlüsselbereiche Computerisierung, Miniaturisierung und Molekularisierung zu nennen. Bei der Computerisierung sind dabei die inhaltlichen Schwerpunkte beispielsweise in der Bildgebung und Bildverarbeitung gegeben. Die Miniaturisierung spielt unter anderem bei intelligenten Implantaten, der minimalinvasiven Chirurgie aber auch bei der Entwicklung von neuen nanostrukturierten Materialien eine wichtige Rolle, und die Molekularisierung ist in der regenerativen Medizin aber auch im Rahmen der sogenannten molekularen Bildgebung ein entscheidender Aspekt. Forschungs- und Entwicklungspotenzial werden auch der Biophotonik und der minimal-invasiven Chirurgie unter Berücksichtigung der Robotik und Navigation zugeschrieben. Querschnittstechnologien wie die Mikrosystemtechnik, optische Technologien, Softwaresysteme und Wissenstechnologien sind dabei von hohem Interesse.

Matthias Weber

Optimierung der Permanent-
magnetengeometrie
zur Generierung eines
Selektionsfeldes für
Magnetic Particle Imaging

Medizinische Ingenieurwissenschaft
und Biomedizintechnik — Band 2

Herausgeber: Thorsten M. Buzug

Ein Imprint der Infinite Science GmbH,
MFC 1 | BioMedTec Wissenschaftscampus
Maria-Goeppert-Straße 1
23562 Lübeck

Umschlaggestaltung, Illustration: Uli Schmidts, metonym
Lektorat: Universität zu Lübeck, Institut für Medizintechnik

Verlag: Infinite Science GmbH, Lübeck, www.infinite-science.de
Druck: Books on Demand GmbH, Norderstedt

ISBN Paperback: 978-3-945954-03-4

Bibliografische Information der Deutschen Nationalbibliothek:
Die Deutsche Nationalbibliothek verzeichnet diese Publikation in der Deutschen Nationalbibliografie; detaillierte bibliografische Daten sind im Internet über http://dnb.d-nb.de abrufbar.

Abstract

Magnetic particle imaging is a new imaging method, which allows to determine the distribution of super paramagnetic nanoparticles in high temporal and spatial resolution. The resolution of the system directly depends on spatial encoding of the used selection field. Recently, a MPI scanner was presented, generating a selection field with permanent magnets. Based on this configuration, the geometric and magnetization parameters of the permanent magnets are optimized in this thesis. Due to the reached increase of the gradient strength by 39 %, the resolution of magnetic particle imaging was significantly enhanced without expanding the measuring system. Alternatively, it is possible to minimize the permanent magnetic volume by 44 % without changing the initial gradient.

Kurzfassung

Magnetic-Particle-Imaging (MPI) ist ein neues bildgebendes Verfahren, das es ermöglicht, die Verteilung super-paramagnetischer Nanopartikel in hoher zeitlicher und örtlicher Auflösung zu bestimmen. Das Auflösungsvermögen des Systems hängt dabei direkt von dem für die Ortskodierung genutzten Selektionsfeld ab. Kürzlich wurde ein MPI-Scanner vorgestellt, der dieses Selektionsfeld mit Permanentmagneten generiert. Ausgehend von dieser Anordnung werden in dieser Arbeit die Geometrie- und Magnetisierungsparameter der Permanentmagneten optimiert. Durch die erreichte Erhöhung der Gradientenstärke um 39 %, kann die Auflösung von Magnetic-Particle-Imaging deutlich gesteigert werden, ohne das Messsystem zu vergrößern. Alternativ ist es möglich das Permanentmagnetvolumen um 44 % zu minimieren, ohne dabei den Ausgangsgradienten zu ändern.

Inhaltsverzeichnis

1 Einleitung

Magnetic Particle Imaging (MPI) ist ein neues, erstmals in 2005 beschriebenes, bildgebendes Verfahren, das die Bildgebung von super-paramagnetischen Nanopartikeln in hoher zeitlicher und örtlicher Auflösung ermöglicht [1]. So gibt es erste dreidimensionale in-vivo Daten, die das schlagende Herz einer Maus erkennen lassen [2]. Abgebildet wird nur der magnetische Tracer und keine Anatomie, wie beispielsweise Gewebe oder Knochen. Dazu benötigt MPI im Gegensatz zu CT, PET und SPECT keine ionisierende Strahlung.

Das Verfahren basiert auf dem Effekt des nicht-linearen Magnetisierungsverhaltens der Nanopartikel. Zur Anregung der Partikel dient ein oszillierendes Magnetfeld, welches von einem statischen Magnetfeld, dem Selektionsfeld, überlagert wird. Es handelt sich dabei um ein Gradientenfeld, welches einen FFP besitzt. Partikelantworten erhält man nur in der näheren Umgebung dieses Punktes. Sie wird in den Empfangsspulen detektiert und im anschließenden Rekonstruktionsschritt verarbeitet. Die Bilddarstellung entspricht dann der örtlichen Verteilung der Partikelkonzentrationen.

Sowohl das oszillierende Magnetfeld als auch das Selektionsfeld können von Magnetspulen generiert werden, wobei der Gradient des Selektionsfeldes die örtliche Auflösung bestimmt [3].

Der Gradient, und so auch das Auflösungsvermögen, ist von der Spulengeometrie und der verwendeten Stromstärke limitiert, welche wiederum von der Wärmeentwicklung eingeschränkt wird. Dementsprechend bedarf es für höhere Stromstärken leistungsfähigere Kühlungssysteme.

Eine interessante Alternative ist die Verwendung von starken Permanentmagneten zur Generierung des Selektionsfeldes [4]. Hier bieten sich Permanentmagnete aus Neodym-Eisen-Bor an, die zu den stärksten Dauermagneten zählen. Diese Magnete generieren statische Magnetfelder ohne Wärmeentwicklung und wurden in der Praxis bereits erfolgreich eingesetzt [2].

Die vorliegende Arbeit befasst sich mit der Optimierung einer solchen Permanentmagnetanordnung. Als Basis dient die Simulation, der von Permanentmagneten generierten Magnetfelder. Diese stützt sich auf das sogenannte Dipol-Modell, welches Permanentmagnete in magnetische Dipole diskretisiert.

Durch Variation geometrischer Permanentmagnetparameter wird untersucht, ob sich der Gradient im feldfreien Punkt des Gradientenfeldes optimieren lässt. Zusätzlich soll analysiert werden, ob eine Volumenminimierung der Permanentmagnete ohne Gradientenverminderung möglich ist.

Diese Arbeit gliedert sich folgendermaßen: in Kapitel werden zunächst mathematische Grundlagen zur Permanentmagnetberechnung diskutiert und magnetische Materialeigenschaften erläutert. Dem schließt sich eine Ausführung über Magnetic-Particle-Imaging, dessen Grundprinzip und die Bildrekonstruktion an. Des Weiteren wird der Zusammenhang zwischen örtlicher Auflösung und dem Gradienten im feldfreien Punkt des Selektionsfeldes dargelegt.

Kapitel beginnt mit einer ausführlichen Evaluierung der implementierten Simulationsumgebung. Diese geschieht zunächst mit einem Vergleich einer alternativen Simulationsumgebung, welcher das Ampère-Modell zugrunde liegt. Im Weiteren wird das Feld einer Permanentmagnetanordnung per Hall-Sonde vermessen und simuliert. Beim Vergleich liegt das Augenmerk auf der richtigen Kalibrierung der Hall-Sonde und einer ausführlichen Fehlerbetrachtung. Mit der evaluierten Implementierung wird sich darauf folgend der Optimierung gewidmet und Ergebnisse präsentiert.

Anschließend werden in Kapitel die Ergebnisse diskutiert und analysiert.

2 Grundlagen

Als Grundlage zur Simulation der Magnetfelder von Permanentmagneten bedarf es eines mathematischen Formalismus und einer genaueren Betrachtung physikalischer Eigenschaften von magnetischem Material. Um die Anforderungen der Permanentmagnete für den Einsatz bei MPI zu diskutieren, wird anschließend die Funktionsweise von MPI im Detail vorgestellt.

2.1 Magnetostatik

Die Magnetostatik befasst sich mit zeitlich konstanten Magnetfeldern. Deren Ursache und Berechnung können wie folgt beschrieben werden.

2.1.1 Entstehung von Magnetfeldern

Die Ursache von Magnetfeldern kann durch zwei verschiedene physikalischen Modellen beschrieben werden. Das Ampère-Modell setzt als Grundlage der Magnetfelder Kreisströme und das Gilbert-Modell magnetische Dipole voraus. Dazu ist es zunächst sinnvoll jeweils den Feldbeitrag eines stromdurchflossenen Leiters und eines magnetischen Dipols einzuführen.

Das Feld eines Stromes

Betrachtet man eine Leiterschleife C, durch welche ein Strom I fließt, erzeugt diese am Ort r die magnetische Flussdichte B. Die Leiterschleife kann man sich nun aus vielen infinitesimalen Stücken der Länge dl denken. Jedes dieser Stücke trägt einen Teil zur magnetischen Flussdichte B bei:

$$\mathrm{d}\mathbf{B}(\mathbf{r}) = \frac{\mu_0}{4\pi} I \, \mathrm{d}\mathbf{l} \times \frac{\mathbf{r} - \mathbf{r}'}{|\mathbf{r} - \mathbf{r}'|^3}. \tag{2.1}$$

Um nun die gesamte magnetische Flussdichte am Ort r zu berechnen, integriert man alle Teilstücke dl der Leiterschleife auf:

$$\mathbf{B}(\mathbf{r}) = \frac{\mu_0}{4\pi} I \int_C \mathrm{d}\mathbf{l} \times \frac{\mathbf{r} - \mathbf{r}'}{|\mathbf{r} - \mathbf{r}'|^3}. \tag{2.2}$$

B ist die magnetische Flussdichte und hat die Einheit T. Diese Gleichung wird auch Biot-Savart-Gesetz genannt.

Das Feld eines magnetischen Dipols

Ein Magnetfeld kann auch von einem magnetischen Dipol erzeugt werden. Mit der Gilbert-Formel

$$B(m, r) = \frac{\mu_0}{4\pi r^3}(3(m \cdot \hat{r})\hat{r} - m) + \frac{2\mu_0}{3}m\delta^3(r) \tag{2.3}$$

ist es möglich, bei Kenntnis des magnetischen Moments des Dipols, das Magnetfeld B am Ort r zu bestimmen. Diese kann aus Gleichung (2.1) hergeleitet werden (siehe [5, Seite 175 - 178]). Wie man sieht, beschreibt hier nicht der Strom I den Dipol, sondern das magnetische Moment m. Sowohl der Strom I und das magnetische Moment sind in diesem Zusammenhang über die Stromdichte j eng verknüpft

$$m = \frac{1}{2}\int_\Omega d^3(r \times j(r)). \tag{2.4}$$

Der Betrag der Stromdichte j entspricht der pro Zeiteinheit durch die Flächeneinheit F senkrecht zur Stromrichtung transportierten Ladung. Die Richtung dieses Vektors entspricht der Bewegungsrichtung der elektrischen Ladungen.

Betrachten wir beispielsweise eine einfache Leiterschleife mit dem Flächeninhalt A, besteht diese aus mehreren infinitesimalen Leitern der Länge dl. Nun kann das magnetische Moment mit Hilfe von

$$m = \frac{1}{2}I\int_A (r \times dr) = IF \tag{2.5}$$

berechnet werden. Hier kann $j\,dr$ durch $I\,dr$ ersetzt werden. Eine Herleitung findet man in [5, S. 167]. Aus Gleichung (2.4) und (2.5) folgt, dass Stromrichtung und das magnetische Moment senkrecht aufeinander stehen.

Anschließend führen wir noch den Begriff der Magnetisierung ein:

$$M = \frac{dm}{dV}. \tag{2.6}$$

Die Magnetisierung beschreibt das magnetische Moment pro Volumen.

Auf Basis dieser beiden Gesetzmäßigkeiten (siehe Gleichung 2.1 und 2.3) soll nun eine Erweiterung auf größere Permanentmagnetgeometrien stattfinden.

2.1.2 Magnetfeldberechnung von Permanentmagneten

Zur Berechnung von Magnetfeldern, die von Permanentmagneten generiert werden, bieten sich zwei Modelle an:

- das Ampère-Modell und
- das Gilbert-Modell.

Die zuvor eingeführte Leiterschleife und der magnetische Dipol bilden jeweils die Grundlage dieser Modelle. Sie werden im folgenden Abschnitt vorgestellt.

Ampère-Modell

Zunächst greifen wir das Biot-Savart-Gesetz aus Gleichung (2.1) auf. Dieses soll nun beispielsweise auf ein quaderförmiges Volumen erweitert werden, welches einen Permanentmagneten repräsentiert.

Der Permanentmagnet habe eine Magnetisierung senkrecht zur Ober- und Unterseite. Aus Gleichung (2.4) wissen wir, dass das magnetische Moment senkrecht zur Stromrichtung steht. Diskretisiert man den Permanentmagneten aus infinitesimalen Kreisströmen, folgt hieraus die Kreisstromausrichtung wie in Abbildung 2.1a skizziert.

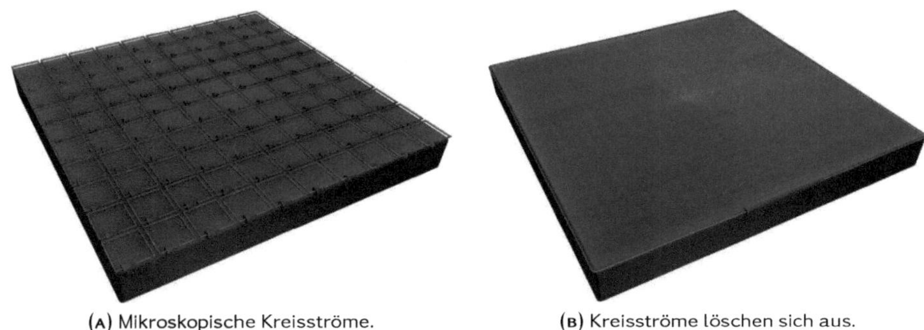

(A) Mikroskopische Kreisströme.　　　(B) Kreisströme löschen sich aus.

ABBILDUNG 2.1: Die Kreisströme in einem Permanentmagneten sind entsprechend der Magnetisierung ausgerichtet (A.). Sie löschen sich im Inneren der Magnete gegenseitig aus, sodass nur noch ein Oberflächenstrom übrig bleibt (B.).

Die Kreisströme sind gleichmäßig angeordnet und haben einen konstanten Strom I. Da sich benachbarte Kreisströme entlang einer Kante gerade aufheben, bleibt nur noch ein Strom I an der Außenfläche des Volumen übrig (siehe Abbildung 2.1b und [6, Seite 293]).

Greifen wir nun das Beispiel der beliebigen Stromschleife aus dem vorigen Abschnitt auf, muss man den Strom auf der Oberfläche anders definieren. Setzt man beispielsweise sehr viele zum Volumen passende Stromschleifen aufeinander (siehe Abbildung 2.2), spricht man nun nicht mehr vom Strom I, sondern von einer Flächenstromdichte K. Um das Magnetfeld

ABBILDUNG 2.2: Flächenströme eines Permanentmagneten.

B des gesamten Volumens am Ort **r** zu berechnen, muss dementsprechend Gleichung 2.1 um die Flächenstromdichte **K** erweitert werden.

Indem wir über die gesamte Oberfläche Ω, auf welcher der Strom fließt, integrieren, erhalten wir

$$B(r) = \frac{\mu_0}{4\pi} \int_\Omega K(r) \times \frac{r - r'}{|r - r'|^3}\, dA. \tag{2.7}$$

Diese Gleichung ist das sogenannte Ampère-Modell. Es erlaubt Permanentmagnete zu berechnen, deren Oberflächen geometrisch einfach zu beschreiben sind.

Nun soll noch einmal die Verbindung zwischen Kreisstrom und magnetischem Dipol hergestellt werden, indem wir den Flächenstrom **K** mit der Magnetisierung **M** verknüpfen. Für jede Oberfläche des Magneten gilt bei homogener Magnetisierung des Volumens:

$$K = M \times n_A. \tag{2.8}$$

Hier bezeichnet n_A den Normalenvektor der zu berechnenden Magnetoberfläche. Analog zum magnetischen Moment aus Gleichung (2.4) stehen Magnetisierungs- und Flächenstromrichtung senkrecht aufeinander. Hiermit ist es möglich Permanentmagnete zu berechnen, dessen Magnetisierung nicht senkrecht zur Magnetoberfläche steht (siehe Abbildung 2.3). Voraussetzung hierfür ist dennoch eine homogene Magnetisierung des Magneten.

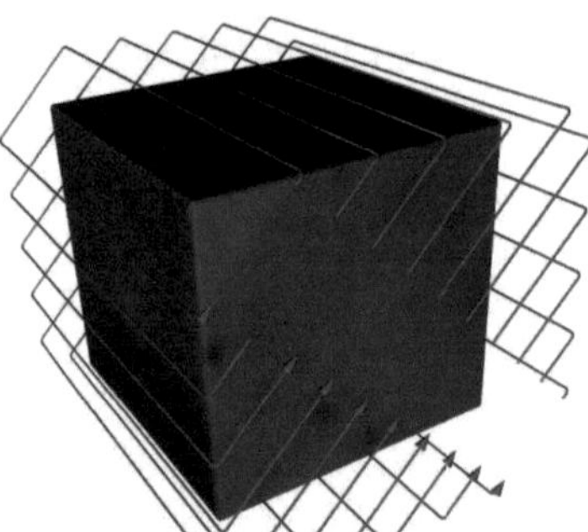

ABBILDUNG 2.3: Darstellung der Oberflächenströme eines Permanentmagneten, dessen Magnetisierung diagonal ausgerichtet ist.

Der Betrag des Flächenstroms |**K**| kann mit Hilfe der Remanenz eines Permanentmagneten wie folgt berechnet werden:

$$|K| = \frac{B_r}{\mu_0} = |M|. \tag{2.9}$$

K hat die Einheit $A\,m^{-1}$. Auf die Remanenz wird später in Abschnitt noch genauer eingegangen.

ABBILDUNG 2.4: Diskretisierung eines zylinderförmigen Magneten.

Gilbert-Modell

Wie die Leiterschleife, lässt sich auch der magnetische Dipol auf eine Volumenverteilung erweitern. Dazu diskretisiert man den zu berechnenden Permanentmagneten (siehe Abbildung 2.4) in einzelne Würfel. Jeder dieser Würfel repräsentiert einen magnetischen Dipol.

Wie bereits gezeigt, lässt sich ein einzelner Dipol mit Gleichung (2.3) berechnen. Allerdings muss für eine Volumenverteilung von Dipolen das magnetische Moment **m** angepasst werden. Da wir nun nicht mehr von infinitesimal kleinen Dipolen ausgehen und Permanentmagneten numerisch berechnen möchten, nutzen wir zunächst Gleichung (2.6). Hier geben wir nun explizit das magnetische Moment für einen Dipol an:

$$\Delta\mathbf{m} = M\Delta V \tag{2.10}$$

Mit Gleichung (2.9) lässt sich die Magnetisierung **M** ersetzen:

$$\Delta\mathbf{m} = \mathbf{e_M}\frac{B_r}{\mu_0}\Delta V. \tag{2.11}$$

Hierbei ist

$$\mathbf{e_M} = \frac{\mathbf{M}}{\|\mathbf{M}\|} \tag{2.12}$$

die Magnetisierungsrichtung und

$$\Delta V = \frac{V_{\text{Magnet}}}{n_{\text{Dipole}}} \tag{2.13}$$

das Volumen eines Voxels. Mit dieser Erkenntnis erweitern wir nun Gleichung 2.3:

$$\Delta\mathbf{B}(\Delta\mathbf{m},\mathbf{r}) = \frac{\mu_0}{4\pi r^3}\left(3\left(\mathbf{e_M}\frac{B_r}{\mu_0}\Delta V \cdot \hat{\mathbf{r}}\right)\hat{\mathbf{r}} - \mathbf{e_M}\frac{B_r}{\mu_0}\Delta V\right). \tag{2.14}$$

Der Teil $\frac{2\mu_0}{3}\mathbf{m}\delta^3(\mathbf{r})$ aus Gleichung (2.3) fällt weg, da wir nur Magnetfelder außerhalb der Permanentmagnete auswerten. Das gesamte Magnetfeld **B** am Ort **r** erhalten wir nun durch Aufsummieren aller $\Delta\mathbf{B}$:

$$\mathbf{B} = \sum_{i=1}^{n_{\text{Dipole}}} \Delta\mathbf{B}. \tag{2.15}$$

Diese Gleichung beschreibt das auf ein Volumen erweiterte Gilbert-Modell. Hiermit lassen sich beliebige Permanentmagnete berechnen. Es gibt keine Einschränkung bezüglich Magnetgeometrie oder Magnetisierung (Drehung, homogen/inhomogen).

Sowohl das Ampère-Modell als auch das Gilbert-Modell besitzen Vor- und Nachteile. Wohingegen das Ampère-Modell die Oberflächen des zu berechnenden Magneten diskretisiert, muss beim Gilbert-Modell das komplette Volumen diskretisiert werden. Das bedeutet eine Laufzeitänderung von $\mathcal{O}(n^2)$ auf $\mathcal{O}(n^3)$. Das Ampère-Modell ist somit deutlich zeiteffizienter.

Wie bereits angesprochen, besteht beim Gilbert-Modell die Möglichkeit Permanentmagnete mit inhomogener Magnetisierung zu berechnen. Das ist beim Ampère-Modell nicht möglich. Da in dieser Arbeit Permanentmagnete mit inhomogener Magnetisierung berechnet werden sollen, kann hier nur das Gilbert-Modell benutzt werden.

2.2 Magnetostatik in Materie

In diesem Abschnitt wollen wir Permanentmagnete und die verwendeten Tracer aus MPI bezüglich ihrer magnetostatischen Eigenschaften einordnen. Die Magnetostatik lässt sich dazu in drei materialspezifische Untergruppen aufteilen:

- Diamagnetische Materialien, deren magnetische Permeabilität μ etwas kleiner als μ_0 ist,

- paramagnetische Materialien, deren magnetische Permeabilität μ etwas größer als μ_0 ist und

- ferromagnetische Materialien, dessen magnetische Permeabilität μ deutlich größer als μ_0 ist.

Hier ist μ_0 die Vakuumpermeabilität, auch magnetische Feldkonstante genannt. Sie beträgt $4\pi \cdot 10^{-7}\,\mathrm{H\,m^{-1}}$.

Weitere Größen sind zum einen die Permeabilitätszahl, auch relative Permeabilität μ_r genannt, die wie folgt definiert ist

$$\mu_r = \frac{\mu}{\mu_0}, \tag{2.16}$$

und die magnetische Suszeptibilität χ_m, die mit

$$\chi_m = \mu_r - 1 \tag{2.17}$$

bezeichnet wird. Für diamagnetische Substanzen gilt $\mu_r < 1$ und $\chi_m < 0$, während bei paramagnetischen und ferromagnetischen Substanzen $\mu_r > 1$ und $\chi_m < 0$ ist.

Ferner soll das Magnetfeld H eingeführt werden:

$$\mathbf{H} = \frac{1}{\mu_0}\mathbf{B} - \mathbf{M}. \tag{2.18}$$

Es ist jedoch nur eine Hilfsgröße und besitzt die Einheit $\mathrm{A\,m^{-1}}$. Die eigentliche Messgröße bleibt die magnetische Flussdichte

$$\mathbf{B} = \mu_0(\mathbf{H} + \mathbf{M}(\mathbf{B})) \tag{2.19}$$
$$= \mu_0 \mathbf{H}(\chi_m + 1), \tag{2.20}$$

wobei $\mathbf{M}$ eine Funktion von $\mathbf{B}$ ist.

Wie sich diamagnetische, paramagnetische und ferromagnetische Materialien in einem externen Magnetfeld verhalten ist in Abbildung 2.5 schematisch dargestellt. Der Verlauf steht im Zusammenhang mit (2.20).

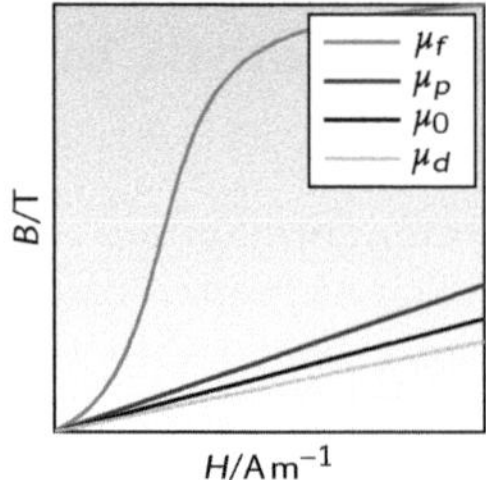

ABBILDUNG 2.5: Vergleich der Permeabilitäten von ferromagnetischen (μ_f), paramagnetischen (μ_p) und diamagnetischen Materialien (μ_d) zu Vakuum (μ_0).

2.2.1 Diamagnetismus

Wie schon erwähnt, ist der Magnetismus beim Diamagnetismus wie folgt charakterisiert:

$$\chi_m < 0, \quad \chi_m = \text{konst.} \tag{2.21}$$

Materialien, die diese Eigenschaft aufweisen, besitzen keine permanent magnetischen Dipole. Setzt man diese nun einem Magnetfeld aus, werden magnetische Dipole erzeugt. Wir sprechen hier also von einem Induktionseffekt. Das Dipolmoment der Dipole ist dem äußeren Magnetfeld genau entgegengesetzt. Diamagnetismus ist eine Eigenschaft, die alle Stoffe besitzen. Da er jedoch sehr klein ist, wird er von paramagnetischen und ferromagnetischen Effekten überlagert.

2.2.2 Paramagnetismus

Im Unterschied zum zuvor besprochenen Diamagnetismus ist beim Paramagnetismus ein permanentes magnetisches Dipolmoment von Nöten.

Bringt man das Material in ein magnetisches Feld ein, so richten sich die Dipole vorzugsweise parallel zum externen Feld aus, sind also nicht mehr beliebig angeordnet. Das externe Magnetfeld und das Dipol-Magnetfeld überlagern sich zu einem gesamten Magnetfeld. Das resultierende Feld ist etwas größer als das externe Magnetfeld. Der paramagnetische Effekt ist stark temperaturabhängig und folgt dem Curie-Gesetz:

$$\chi_m(T) = \frac{C}{T}. \tag{2.22}$$

C ist hierbei die Curie-Konstante, die wie folgt beschrieben ist

$$C = \mu_0 \frac{\mu^2}{n3k_B}. \tag{2.23}$$

μ_0 ist die Vakuumpermeabilität, n die Teilchendichte, die die Anzahl der Teilchen pro Volumen beschreibt, μ das atomare magnetische Moment und k_B die Boltzmannkonstante mit $1{,}380650\,4 \cdot 10^{-23}\,\text{J K}^{-1}$.

Nach Abschalten des externen Magnetfeldes wird die Ausrichtung der Dipole durch thermische Fluktuationen sofort wieder zerstört.

2.2.3 Ferromagnetismus

In dem Bereich des Ferromagnetismus lassen sich Materialien einordnen, die ein permanentes Magnetfeld generieren, ohne dass ein elektrischer Stromfluss von Nöten ist. Hierzu gehören Permanentmagnete. Die einzelnen magnetischen Momente eines Permanentmagneten sind in eine Vorzugsrichtung ausgerichtet (siehe Abbildung 2.6b).

Betrachtet man ein unmagnetisiertes Stück Eisen sind die Domänen, welche mikroskopische Bereiche mit einer bestimmten Magnetisierung darstellen, willkürlich ausgerichtet, sodass sich die magnetischen Einflüsse gegenseitig aufheben (siehe Abbildung 2.6a).

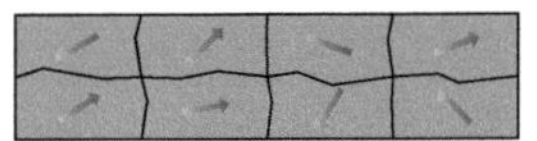

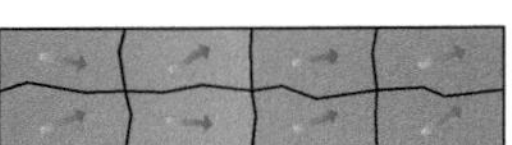

(A) Die Domänen sind zufällig angeordnet. Sie zeigen die Richtung der Magnetisierung an, wobei man annehmen kann, dass jede Domäne für sich ein kleiner Magnet ist.

(B) In einem Magneten sind die Domänen in einer Vorzugsrichtung ausgerichtet.

ABBILDUNG 2.6: Verdeutlichung des Unterschiedes zwischen einem unmagnetisierten und einem magnetisierten Material.

Ein unmagnetisiertes, ferromagnetisches Material kann mit Hilfe eines externen Magnetfeldes in einen Permanentmagneten überführt werden. Hierbei unterliegt die magnetische Suszeptibilität einer sehr komplexen Funktion des externen Feldes und der Temperatur

$$\chi_m = \chi_m(T, H). \tag{2.24}$$

Voraussetzung hierfür ist das Vorhandensein von permanenten magnetischen Dipolen, die sich aufgrund einer nur quantenmechanisch erklärbaren Austausch-Wechselwirkung unterhalb einer kritischen Temperatur T^* spontan, d. h. ohne äußere Felder, geordnet ausrichten.

Die kritische Temperatur ist in diesem Fall $T^* = T_C$, sprich die Curie-Temperatur. Am absoluten Nullpunkt sind alle Momente parallel ausgerichtet. Für $0 < T < T_C$ tritt eine gewisse Unordnung ein, die mit wachsender Temperatur zunimmt. Bei $T > T_C$ verhält sich schließlich der Ferromagnet wie ein normaler Paramagnet. Tabelle 2.1 zeigt Curie-Temperaturen einiger Substanzen.

Substanz	Fe	Co	Ni	Gd	EuO	CrBr$_3$	Nd$_3$Fe$_{14}$B
T_C/K	1043	1393	631	290	69	37	583

TABELLE 2.1: Curie-Temperaturen einiger Ferromagneten [5, Seite 188];[7].

Typisch für den Ferromagneten ist einerseits die betragsmäßig sehr große Suszeptibilität χ_m, zum anderen die starke Abhängigkeit von der Vorbehandlung des Materials, die zum sogenannten Hysterese-Effekt führt.

Hysteresekurve

Die Hysterese charakterisiert ein System, dessen veränderliche Ausgangsgröße nicht allein von der Eingangsgröße abhängt, sondern auch von deren Verlaufsgeschichte. Ferromagneten wie Eisen, Kobalt und Nickel weisen diesen Hysterese-Effekt auf.

Nimmt man ein unmagnetisiertes Stück Eisen wie in Abbildung 2.6a und bringt es in ein Magnetfeld, wird es entsprechend der sogenannten

- Neukurve A.

aufmagnetisiert, um schließlich eine Sättigung B. zu erreichen. Beim Abschalten des Feldes bleibt eine Restmagnetisierung, die man

- Remanenz C.

nennt. Diese wird erst durch ein Gegenfeld, der sogenannten

- Koerzitivkraft D.

aufgehoben (Abbildung 2.7). Die Eigenschaft C. definiert den Permanentmagneten. Eine

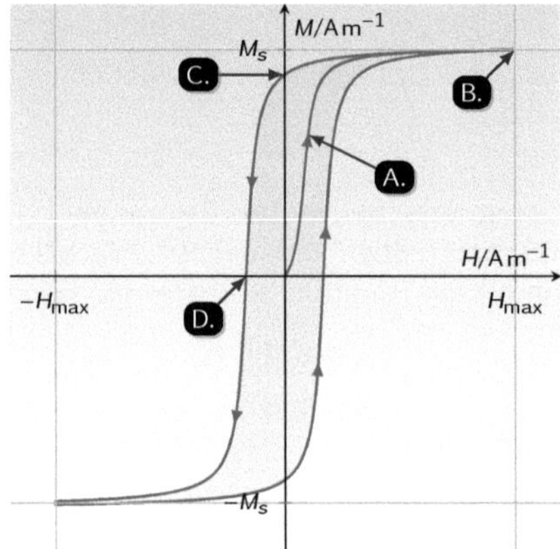

ABBILDUNG 2.7: Hysteresekurve eines Ferromagneten (aus [8, Seite 12]).

hohe Remanenz charakterisiert „einen" starken Magneten. Der derzeit stärkste auf dem Markt erhältliche Werkstoff für Permanentmagnete ist Neodym-Eisen-Bor. Hiermit erreicht man eine Remanenz von bis zu $1,4\,$T. Die in Abschnitt vermessene Magnetanordnung besteht aus diesem Material.

Superparamagnetismus

Eisenoxid-Nanopartikel werden als Tracer in MPI verwendet und konnten bisher in keine Klasse eingeordnet werden. Sie gehören zwar zu den ferromagnetischen Stoffen, weisen aber zugleich bei niedrigen Konzentrationen Eigenschaften des Paramagnetismus, mit hoher magnetischer Suszeptibilität χ_m, auf (siehe [3]). Grundvoraussetzung ist, dass die Partikelkerne so klein sind, dass es „Single-Domäne-Teilchen" sind. Daher wirken die einzelnen Teilchen wie einzelne magnetische Momente eines Permanentmagneten. Aus diesem Grund spricht man hier vom sogennannten Superparamagnetismus [9].

2.3 Hall-Sonde

Die Hall-Sonde ist ein Messgerät zur Bestimmung der magnetischen Flussdichte. Diese wird bei der späteren Messung einer Permanentanordnung in Abschnitt verwendet. Das Prinzip basiert im wesentlichen auf dem Hall-Effekt, der im Folgenden beschrieben wird (siehe auch [10, Seite 97 - 98]).

2.3.1 Hall-Effekt

Führt man einen stromdurchflossenen Leiter in ein homogenes Magnetfeld ein, so übt das Magnetfeld eine Kraft auf die fließenden Ladungen aus, welche sich im Leiter befinden. Fließen die Elektronen im Leiter wie in Abbildung 2.8 nach rechts, dann übt das Magnetfeld, welches in die Papierebene hineinzeigt, eine nach unten gerichtete Kraft

$$F_B = -e\mathbf{v}_d \times \mathbf{B} \tag{2.25}$$

auf die Elektronen aus. Hierbei ist e die Elementarladung mit $1{,}602\,176\,487 \cdot 10^{-19}\,\mathrm{C}$, $\mathbf{v}_d$ die

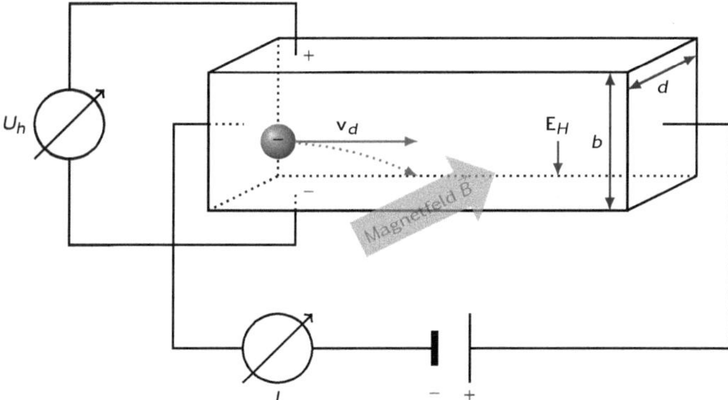

ABBILDUNG 2.8: Der Hall-Effekt. Negative Ladungen bewegen sich mit dem Strom nach rechts.

Driftgeschwindigkeit der Elektronen und $\mathbf{B}$ die magnetische Flussdichte. Dadurch entsteht eine Potentialdifferenz. Diese baut sich so lange auf bis das elektrische Feld $\mathbf{E}_H$ eine Kraft eB_H auf die sich bewegende Ladung ausübt, die den gleichen Betrag wie die Kraft des Magnetfelds hat und dieser entgegengesetzt ist. Dies ist der sogennannte Hall-Effekt. Die erzeugte Potentialdifferenz wird Hall-Spannung genannt.

Das elektrische Feld $\mathbf{E}_H$ (Hall-Feld) welches durch die Ladungstrennung entsteht, ist, wie in Abbildung 2.8 zu sehen, nach unten gerichtet. Im Folgenden betrachten wir nur den Betrag des elektrischen Feldes und der magnetischen Flussdichte. Im Gleichgewicht gilt

$$eE_H = ev_dB. \tag{2.26}$$

Das bedeutet, dass die durch das elektrische Feld erzeugte Kraft gleich der magnetischen Kraft ist. Nimmt man nun an, dass der elektrische Leiter lang und dünn und das elektrische Feld homogen ist, dann lautet die Hall-Spannung

$$U_H = E_H b \tag{2.27}$$
$$= v_d B b, \tag{2.28}$$

wobei b die Dicke des Leiters ist. Mit $v_d = \frac{I}{nFq}$ (siehe [5, Seite 162]), können wir die Driftgeschwindigkeit ersetzen:

$$U_H = \frac{I}{nFq} B b \tag{2.29}$$
$$= \frac{I}{nbdq} B b \tag{2.30}$$
$$= \frac{IB}{ndq}. \tag{2.31}$$

Nun folgt

$$U_H = A_H \frac{IB}{d} \tag{2.32}$$

mit A_H als Hall-Konstante, die aus dem Kehrwert der Teilchendichte n mal dem Ladungsträger q berechnet werden kann.

Da die Größe der Hall-Spannung proportional zur magnetischen Feldstärke ist, kann der Hall-Effekt genutzt werden, um die magnetisch Flussdichte mit

$$B = \frac{U_H d}{A_H I} \tag{2.33}$$

zu bestimmen. Der elektrische Leiter wird hier als Hall-Sonde bezeichnet und kann unter Voraussetzung einer bekannten Feldstärke kalibriert werden. Somit ist die Hall-Spannung bei gleichem Strom ein Maß für das die magnetische Flussdichte B.

2.4 Magnetic Particle Imaging

Magnetic-Particle-Imaging (MPI) ist ein neues, erstmals in [1] beschriebenes, bildgebendes Verfahren, welches die Bildgebung von super-paramagnetischen Nanopartikeln in hoher räumlicher und zeitlicher Auflösung ermöglicht.

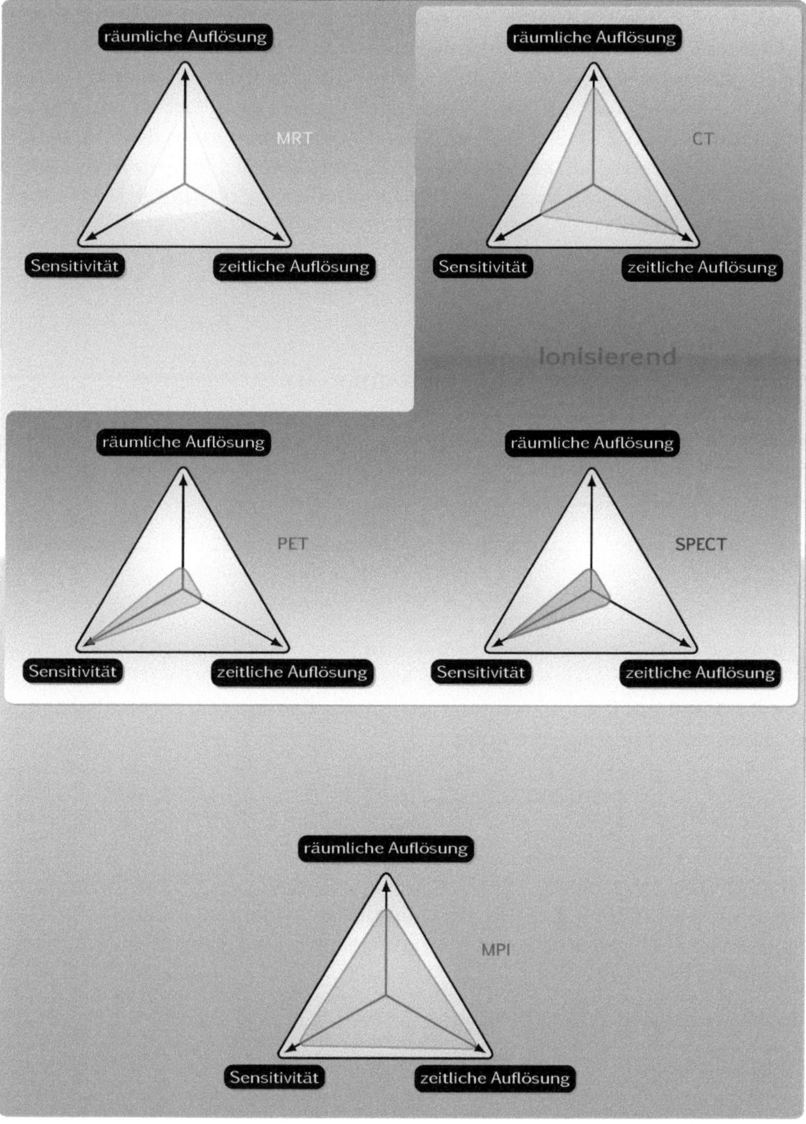

ABBILDUNG 2.9: Vergleich verschiedener bildgebender Methoden [11].

So ist man beispielsweise in der Lage ein schlagendes Mäuseherz darzustellen [2]. Eine zeitliche Auflösungen von 40 Frames pro Sekunde wurde erreicht, wobei die örtliche Auflösung hoch genug war, um alle Herzkammern darzustellen. Dies belegt das Potential der Methode, da das Mäuseherz mit einer Frequenz von 4 Hz bzw. 240 Schläge pro Minute schlug und das betrachte Volumen eine Größe von $20,4\,mm \times 12,0\,mm \times 16,8\,mm$ besaß.

Um einen Überblick und Vergleich zu anderen bildgebenden Verfahren zu bringen, ist in Abbildung 2.9 schematisch dargestellt, welche Leistungen man sich in Zukunft von MPI verspricht [11]. Wichtige Parameter um bildgebende Verfahren zu vergleichen, sind vor allem die Ortsauflösung, die Messgeschwindigkeit und die Sensitivität. Weiterhin ist die Schädlichkeit der Verfahren ein wichtiges Kriterium. Während CT ein sehr schnelles Verfahren mit einer hohen Ortsauflösung ist, hat es den Nachteil einer hohen Strahlenbelastung. MRT bietet einen sehr guten Weichteilkontrast und eine hohe Ortsauflösung, benötigt aber lange Messzeiten, so dass Echtzeitaufnahmen nur bei sehr schlechter Auflösung möglich sind. PET und SPECT haben zwar eine geringe Ortsauflösung und lange Messzeiten, bieten aber eine hohe Sensitivität und spielen in der funktionellen Bildgebung eine große Rolle.

MPI deckt die Stärken dieser bildgebender Verfahren ab, ohne dabei strahlenbelastend zu wirken.

2.4.1 Funktionsweise

Magnetic Particle Imaging beruht auf dem Effekt, dass bei einer Magnetisierung von superparamagnetischem Material das Magnetisierungsverhalten nicht-linear verläuft und ab einem bestimmten Punkt in Sättigung übergeht.

Legt man ein oszillierendes magnetisches Feld (Modulationsfeld, engl. „modulation field")

$$H(t) = H_0 \sin(2\pi f_1 t) \tag{2.34}$$

mit der Frequenz f_1 und ausreichend hoher Amplitude $A = H_0$ an, weist das verwendete Material, hier Eisenoxid-Nanopartikel, eine Magnetisierung $M(t)$ auf, wobei t die Zeit ist (Abbildung 2.10, Teil A.). Die Partikelmagnetisierung für sphärische Partikel ist durch die Langevin-Theorie des Paramagnetismus

$$M(H) = \begin{cases} cm\left(\coth(\xi) - \frac{1}{\xi}\right) & \text{falls } H \neq 0 \\ 0 & \text{falls } H = 0 \end{cases} \quad \text{mit} \quad \xi = \frac{\mu_0 m H}{k_B T} \tag{2.35}$$

beschrieben. Hierbei bezeichnet c die Partikelkonzentration, T die Partikeltemperatur, k_B die Boltzmannkonstante, $m = \frac{1}{6}\pi D^3 M_s$ das magnetische Moment in Sättigung, D den Partikeldurchmesser und M_s die Sättigungsmagnetisierung. Die Funktion ist in Abbildung 2.10, Teil B. beschrieben.

Setzt man nun Gleichung 2.34 in Gleichung 2.35 ein, gilt

$$M(t) = M(H(t))$$
$$= \begin{cases} cm\left(\coth(\xi) - \frac{1}{\xi}\right) & \text{falls } H \neq 0 \\ 0 & \text{falls } H = 0 \end{cases} \quad \text{mit} \quad \xi = \frac{\mu_0 m H_0 \sin(2\pi f_1 t)}{k_B T}. \tag{2.36}$$

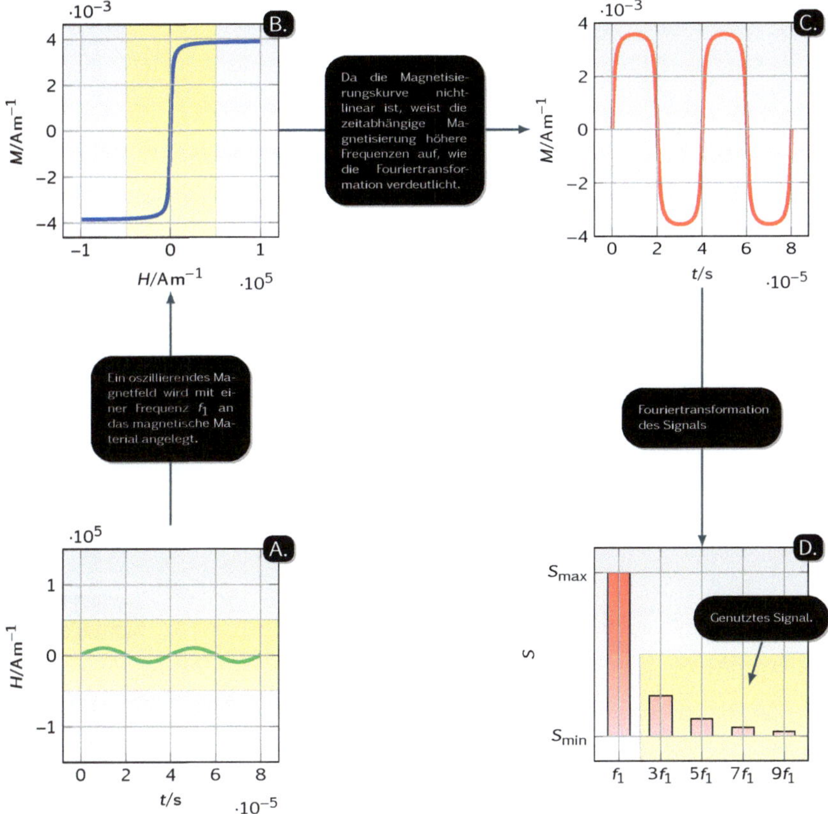

ABBILDUNG 2.10: Funktionsweise von MPI im feldfreien Punkt: A. oszillierendes Magnetfeld der Anregungsspulen, B. nicht-lineare Magnetisierungskurve der Nanopartikel, C. zeitabhängige Magnetisierung der Nanopartikel durch Anlegen des Modulationsfeldes und D. dessen Fouriertransformierte.

D. h. die Magnetisierung der Partikel hängt von einem oszillierenden magnetischen Feld ab (siehe Abbildung 2.10, Teil C.). Das Spektrum beinhaltet nicht nur die Frequenzkomponente f_1, sondern auch verschiedene andere Frequenzen wie in der Fouriertransformierten des Signals zu sehen ist. Hohe Frequenzen können unter Verwendung eines geeigneten Filters ausgesiebt werden.

Das Signal enthält nun charakteristische Frequenzen der Nanopartikel. Überlagert man zusätzlich zum oszillierenden Magnetfeld ein zeitunabhängiges Magnetfeld (Selektionsfeld), zeigt sich ein anderer Verlauf. Durch das hinzukommende starke Magnetfeld H_{offset}, sind die Nanopartikel gesättigt und die Bildung von Schwingungen wird unterdrückt (Abbildung 2.11, Teil A. - D.).

Als Selektionsfeld bietet sich nun ein starkes Gradientenfeld an. Dieses kann z. B. von zwei Permanentmagneten generiert werden und liegt im Zentrum der Anordnung (siehe

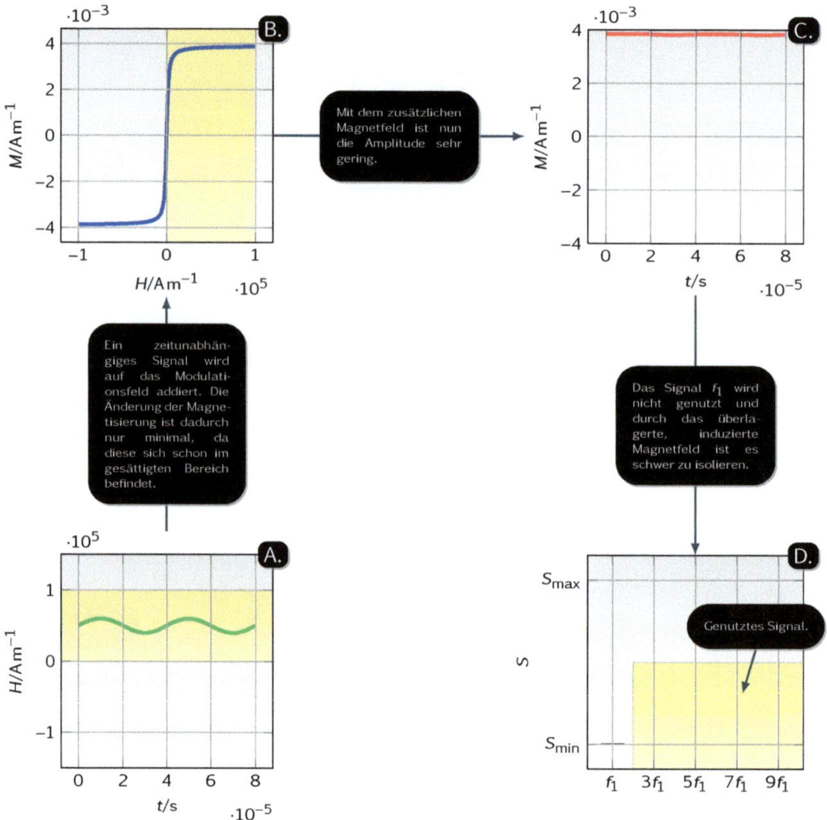

ABBILDUNG 2.11: Funktionsweise von MPI außerhalb des feldfreien Punktes: A. oszillierendes Magnetfeld der Anregungsspulen, B. nicht-lineare Magnetisierungskurve der Nanopartikel, C. zeitabhängige Magnetisierung der Nanopartikel durch Anlegen des Modulationsfeldes und D. dessen Fouriertransformierte.

Abbildung 2.12). Es besitzt einen feldfreien Punkt (FFP) von welchem aus mit zunehmenden Abstand die Feldstärke ansteigt.

Nutzt man so ein Selektionsfeld, gehen alle Nanopartikel, außer im FFP, in Sättigung. Man erhält ausschließlich Partikelantworten aus dem FFP.

Um nun beispielsweise ein zweidimensionales Objekt zu messen, muss der FFP über das Objekt oder das Objekt durch den FFP gefahren werden. Die erstgenannte Methode kann auf zwei verschiedene Arten geschehen: entweder mechanisch oder mit Hilfe von Ansteuerungsspulen, die das Selektionsfeld modulieren. Die Verwendung von Ansteuerungsspulen ist deutlich zeiteffizienter als die mechanische Verschiebung. In der ursprünglichen Arbeit konnte man so die Scanzeit von 50 min auf 1 min verkürzen [1].

Zur Veranschaulichung der Scannergeometrie und der benötigten Spulen bzw. Permanent-

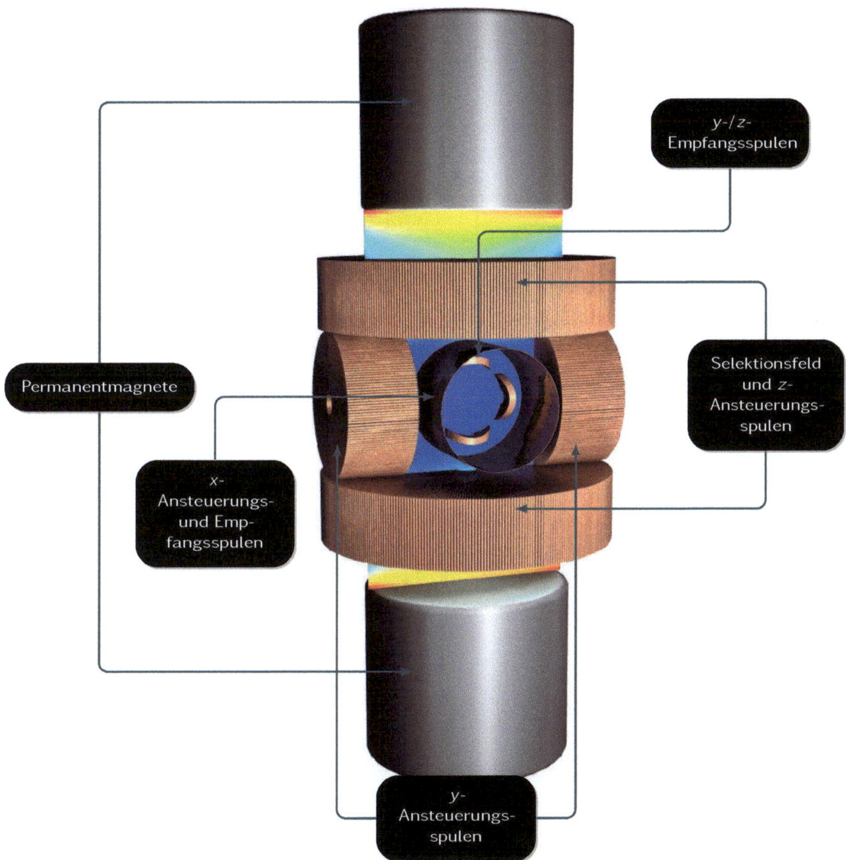

ABBILDUNG 2.12: MPI-Scanner aus [2]: die Permanentmagnetanordnung generiert das abgebildete Magnetfeld (Gradientenfeld/Selektionsfeld), Ansteuerungsspulen erzeugen ein
oszillierendes Magnetfeld (Anregungsfeld/Modulationsfeld) und Empfangsspulen empfan-
gen die Partikelantworten.

magnete, sind diese in Abbildung 2.12 dargestellt.

Hat man schließlich die Partikelsignale detektiert, muss aus diesen die örtliche Verteilung
der Partikelkonzentration rekonstruiert werden. Die dafür benötigte Systemfunktion wird im
nächsten Abschnitt diskutiert.

2.4.2 Systemfunktion

Dis sogenannte Systemfunktion kann entweder gemessen oder simuliert werden. In diesem
Abschnitt soll der messbasierte Systemfunktionsansatz beschrieben werden. Als Grundlage
dient [12]. Für die modellbasierte Systemfunktion sei auf [12] verwiesen.

Wir kennzeichnen im Folgenden mit $u(t)$ die induzierte Spannung in den Empfangsspulen. Da diese mit einem periodischen Ansteuerungsfeld generiert wird, ist das Partikelsignal $u(t)$ auch periodisch und kann in eine Fourrierreihe, mit den Koeffizienten $\hat{u}_k = \int_0^T u(t)e^{-2\pi i k t/T}\, dt$, umgeformt werden. Der Zusammenhang zwischen der Partikelkonzentration $c(r)$ und den Koeffizienten $\hat{u}_k$ beschreibt

$$\hat{u}_k = \int_\Omega \hat{s}_k(r)c(r)\,d^3r, \tag{2.37}$$

wobei $\hat{s}_k(r)$ die sogenannte Systemfunktion ist und Ω das Volumen mit magnetisierbaren Partikeln bezeichnet. Eine Möglichkeit, um die Systemfunktion $\hat{s}_k(r)$ zu erhalten, ist eine Delta-Probe mit bekannter Konzentration c_0 und bekannter Form zu benutzen. Hier bietet sich beispielsweise ein Würfel mit bekanntem Volumen ΔV an. Die Delta-Probe wird nun an die jeweilige Position r gesetzt, um anschließend die induzierte Spannung $u(t)$ zu messen und so die Frequenzkomponenten $\hat{u}_k$ zu erhalten.

Wenn die Größe der Delta-Probe kleiner gleich der Voxelgröße des Abtastgitters ist, kann die Systemfunktion mit den erhaltenen Frequenzkomponenten approximiert werden. Das heißt, dass man für jede Position r_n die Systemfunktion durch $\hat{s}_k(r_n) = \hat{u}_k^n/c_0\Delta V$ berechnen kann. In dem Fall, in welchem die Delta-Probe größer als die Voxelgröße des Abtastgitters ist, kann die Beziehung zwischen den Frequenzkomponenten $\hat{u}_k n$ und der Systemfunktion $\hat{s}_k(r)$ als Faltung beschrieben werden

$$\hat{u}_k^n = \int_\Omega \hat{s}_k(r)K(r - r_n)\,d^3r. \tag{2.38}$$

Dabei bezeichnet K den Faltungskern, welcher von der Form der Delta-Probe bestimmt ist. Mit den gegebenen Frequenzkomponenten $\hat{u}_k^n$ und den gegebenen Kern K kann die Systemfunktion theoretisch mit einer Entfaltung rekonstruiert werden. Obwohl eine nur gering größere Delta-Probe in der Praxis gut funktioniert, sollte die Größenordnung der Delta-Probe im Bereich der Voxelgröße liegen.

Für die Herstellung einer Delta-Probe muss man mit zwei unterschiedlichen Zielen umgehen. Für eine hohe Bildauflösung muss die Delta-Probe so klein wie möglich sein. Im Gegensatz dazu, ist das Signal-Rausch-Verhältnis (SNR) der Messungen $\hat{u}_k^n$ und der Systemfunktion $\hat{s}_k(r_n)$ proportional zur Größe der Delta-Probe. Daher muss beim Gebrauch einer messbasierten Systemfunktion ein Kompromiss zwischen gewünschter Voxelgröße und gewünschter SNR bedacht werden.

Die gemessenen Koeffizienten $\hat{u}_k^n$ können schließlich im Rekonstruktionsschritt zur Bestimmung der örtlichen Partikelkonzentration verwendet werden.

2.4.3 Rekonstruktion

Für die Rekonstruktion muss das lineare System

$$Gc = \hat{u} \tag{2.39}$$

gelöst werden. G ist hier die sogenannte Systemmatrix, welche aus der Systemfunktion besteht. Das lineare System kann mit Hilfe von

$$\|\mathbf{Gc} - \hat{\mathbf{u}}\|_2^2 + \lambda\|\mathbf{c}\|_2^2 \xrightarrow{\mathbf{c}} \min \tag{2.40}$$

gelöst werden. λ ist hier der Regularisierungsparameter. Für weitere Informationen sei auf [12] und [13] verwiesen.

2.4.4 Auflösungsvermögen

Eine wichtige Eigenschaft von MPI ist die hohe örtliche Auflösung. Ein starkes Gradientenfeld bildet dafür die Basis. Wie der Gradient mit dem Auflösungsvermögen zusammenhängt soll nun geklärt werden.

Abbildung 2.13 zeigt zwei Gradientenfelder: eines mit hohem Gradienten und eines mit niedrigem Gradienten. Wie zu erkennen ist, geht das Feld mit dem hohen Gradienten früher

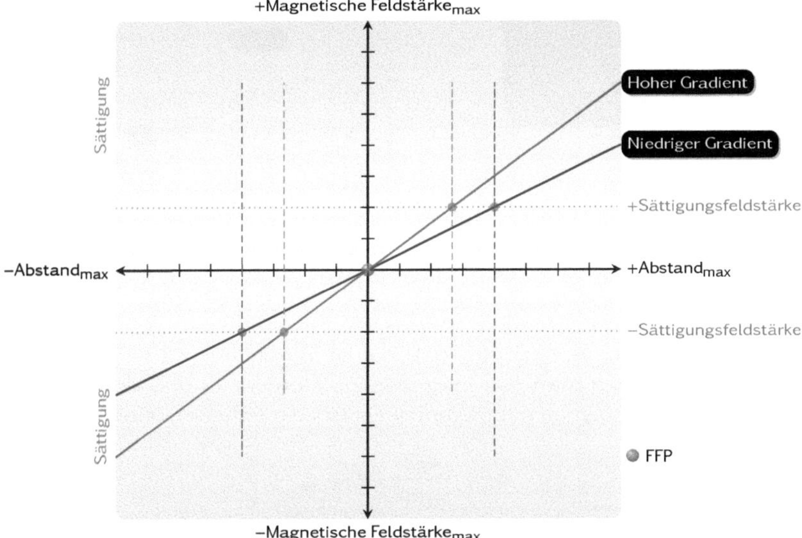

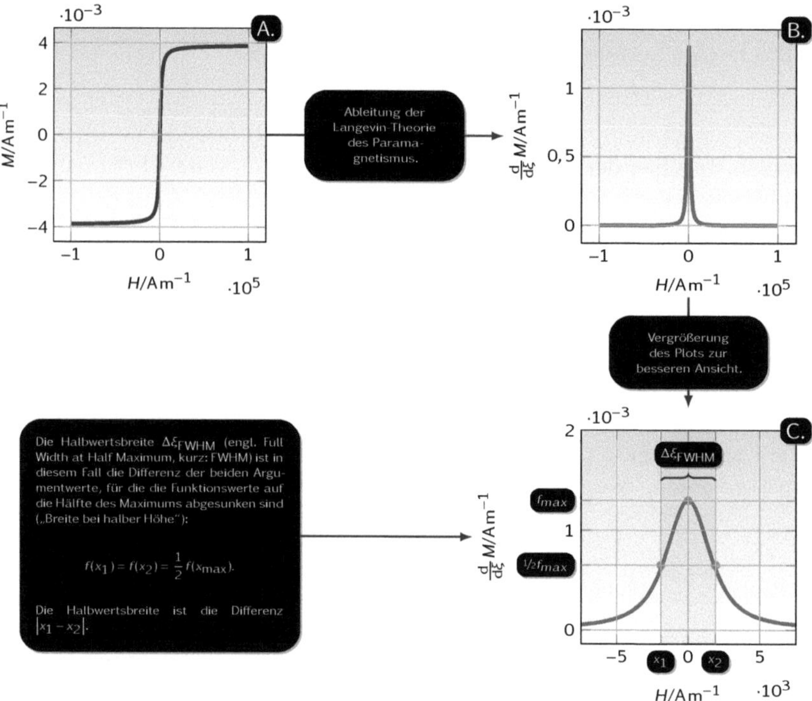

ABBILDUNG 2.14: Zusammenhang zwischen Gradient und örtlicher Auflösung: A. oszillierendes Magnetfeld der Anregungsspulen, B. dessen Ableitung und C. Vergrößerung von B..

um deren Halbwertsbreite zu bestimmen. Diese ist in Abbildung 2.14 Teil B. und C. (vergrößert) dargestellt. Wenn man das magnetische Moment m und den Gradienten des Selektionsfelds kennt, kann man mit folgender Formel die örtliche Auflösung bestimmen:

$$\Delta x = \frac{k_B T}{\mu_0 m G} \Delta \xi_{\text{FWHM}}. \tag{2.42}$$

Der Faktor $\Delta\xi_{\text{FWHM}}$ ist die Halbwertsbreite (Full Width at Half Maximum) aus Gleichung (2.41) und in Abbildung 2.14 Teil C. skizziert.

Die örtliche Auflösung ist also antiproportional zum Gradienten G des Gradientenfeldes.

3 Simulation und Messung

Anschließend an die Grundlagen folgt nun, nach einer Einführung, die Evaluation der in MATLAB implementierten Simulationsumgebung. Hier findet ein Vergleich mit der auf dem Ampère-Modell basierende Simulationsumgebung SCANNERCONF statt. Des Weiteren wird eine Permanentmagnetanordnung, mit einer entsprechenden Fehlerbetrachtung, vermessen und simuliert.

Auf Grundlage der evaluierten MATLAB-Implementierung werden schließlich die Optimierungsergebnisse des MPI-Scanners aus [2] präsentiert.

3.1 Einführung

Zunächst soll ein Überblick über die genutzten Abkürzungen und geometrischen Parameter gegeben werden. In Abbildung 3.1 sind drei verschiedene Magnetanordnungen abgebildet, deren Felder später simuliert werden. Zusätzlich befinden sich in Tabelle 3.1 deren geometrischen Parameter. Tabelle 3.3 listet wichtige Abkürzungen auf, welche vor allem im Abschnitt

Parameter	Beschreibung
b	Breite FOV
d	Länge FOV
l	Magnetlänge
r	Radius
r_a	Außenradius
r_i	Innenradius
s	Seitenlänge

TABELLE 3.1: Übersicht der verwendeten Abkürzungen der Permanentmagnetgeometrien.

Parameter	Wert	Einheit
G_{ref}	$-3,172$	$T-m^{-1}$
V	$2,309 \cdot 10^{-4}$	m^3
$\sphericalangle$	$1,571$	rad
r/l	$0,583$	$-$
r	$3,500 \cdot 10^{-2}$	m
l	$6,000 \cdot 10^{-2}$	m
$|M|$	$9,600 \cdot 10^5$	Am^{-1}

TABELLE 3.2: Parameter des MPI-Scanners aus [2].

benutzt werden. Dort dient als Referenzwert und Ausgangspunkt die Permanentmagnetanordnung des MPI-Scanner aus [2], welche optimiert wird. Dessen Parameter sind in Tabelle 3.2 aufgelistet.

Als Grundlage der Permanentmagnetsimulation dient die in Abschnitt erläuterte Gleichung (2.14).

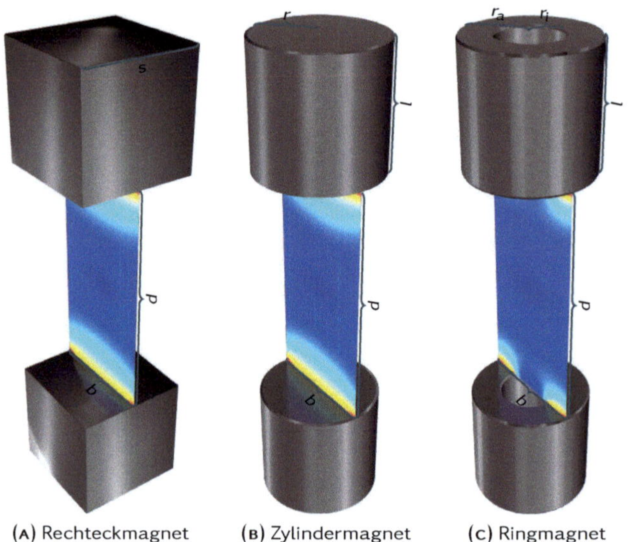

(A) Rechteckmagnet　　(B) Zylindermagnet　　(C) Ringmagnet

ABBILDUNG 3.1: Übersicht der verwendeten Abkürzungen der Permanentmagnetgeometrien.

Parameter	Beschreibung
V_{vgl}	Volumen $(2,309 \cdot 10^{-4}\,\text{m}^3)$ der Magnetanordnung aus [2].
$\sphericalangle$	Winkel des Magnetisierungsvektors (Skizze siehe Abbildung 3.3).
r/l	Verhältnis des Radius r zur Länge l (dimensionslos).
G	Gradient im FFP der Magnetanordnung. Die Einheit beträgt Tm^{-1}.
$\mathcal{P}_x$	Anzahl x an variablen Parametern.
$t_{\text{Würfel/Ring}}$	Simulationsdauer Würfel/Ring-Methode.
f	Relativer Fehler in %.
FOV	Betrachtungsfeld (Field of View) $\rightarrow$ Bereich in dem das Magnetfeld betrachtet wird.

TABELLE 3.3: Erklärung der Optimierungsparameter.

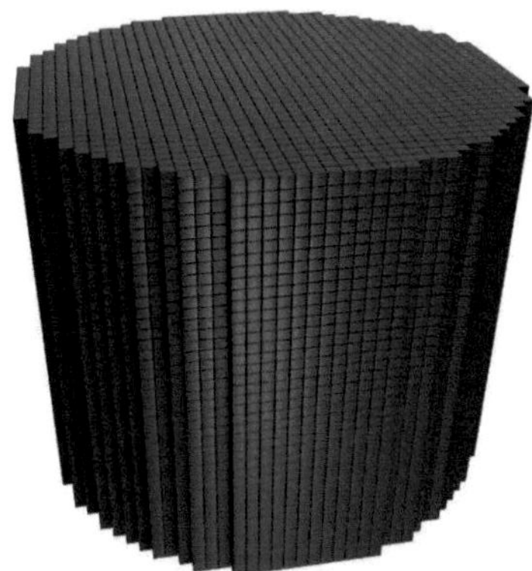

ABBILDUNG 3.2: Veranschaulichung der Diskretisierung des Magneten unter Verwendung von Würfeln.

Die verwendete Permanentmagnetdiskretisierung wird im Folgenden an Hand eines Zylindermagneten (siehe Abbildung 3.2) erklärt: als Basis dient ein Quader mit beliebiger Diskretisierung. Aus diesem wird anschließend das gewünschte Zylindervolumen ausgeschnitten, indem man die Dipole außerhalb des Zylindermagneten entfernt.

Standardmäßig besitzt bei den folgenden Simulationen die Quaderdiskretisierung $40 \times 40 \times 40$ Dipole (näheres siehe Abschnitt), d. h. 40 Diskretisierungsschritte pro Dimension (insgesamt 64 000 Würfel). Alle Simulationen im Abschnitt basieren auf dieser Methode.

Hier wird nicht nur das Volumen und Radius-Längen-Verhältnis des Permanentmagneten variiert, sondern auch die Magnetisierungsrichtung der einzelnen Dipole. Dementsprechend bedarf die Variation der Magnetisierung einer genaueren Betrachtung.

Der Magnetisierungsvektor ist mit dem Magnetisierungswinkel ∢ verknüpft (siehe Abbildung 3.3). Dieser beschreibt eine Drehung des Magnetisierungsvektors um genau den Winkel ∢ zur z-Achse.

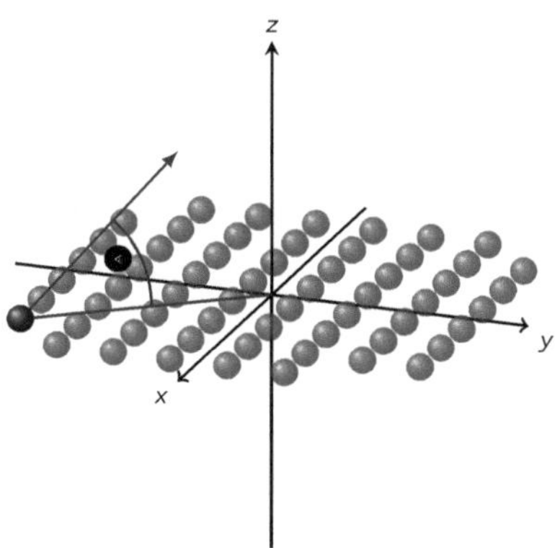

ABBILDUNG 3.3: Drehung des Magnetisierungsvektors.

Zur Berechnung des gedrehten Magnetisierungsvektors $\mathbf{M}_{\sphericalangle}$ benötigt man die Position des Dipols r_{Dipol} und den beliebigen Winkel $\sphericalangle$:

$$\mathbf{M}_{\sphericalangle} = \begin{pmatrix} -\cos(\sphericalangle) \cdot r^x_{\text{Dipol}} \cdot \left({r^x_{\text{Dipol}}}^2 + {r^y_{\text{Dipol}}}^2 \right)^{-\frac{1}{2}} \\ -\cos(\sphericalangle) \cdot r^y_{\text{Dipol}} \cdot \left({r^x_{\text{Dipol}}}^2 + {r^y_{\text{Dipol}}}^2 \right)^{-\frac{1}{2}} \\ \sin(\sphericalangle) \end{pmatrix} \cdot \frac{B_r}{\mu_0} \tag{3.1}$$

Alle Magnetisierungsvektoren der einzelnen Dipole des Permanentmagneten werden nach diesem Schema gedreht.

Als Variationsbereich genügt eine Drehung von $\pi/2$ bis $-\pi/2$, da die Variationsbereiche $-\pi/2 \leftrightarrow \pi/2$ und $\pi/2 \leftrightarrow -\pi/2$ den gleichen Betrag für das Magnetfeld und somit für den Gradienten liefern:

$$G_{-\pi/2 \leftrightarrow \pi/2} = -G_{\pi/2 \leftrightarrow -\pi/2}. \tag{3.2}$$

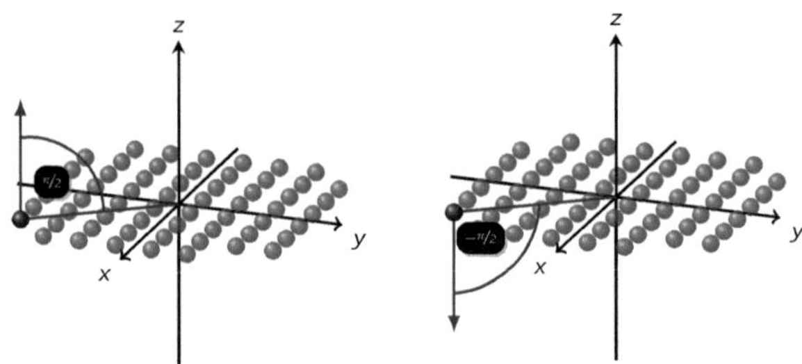

ABBILDUNG 3.4: Darstellung des Variationsbereiches des Magnetisierungsvektors.

3.2 Evaluierung

Als Basis für eine korrekte Simulation von Permanentmagneten soll im Folgenden die MATLAB -Implementierung zunächst mit einer alternativen Simulationsumgebung, und schließlich mit einer per Hall-Sonde vermessene Magnetanordnung evaluiert werden. Die Evaluierung ist ein wichtiger Teil dieser Arbeit, um die korrekte Funktionalität der implementierten Simulation zu gewährleisten.

3.2.1 Simulation verschiedener Magnetgeometrien

Als Vergleichsinstrument auf virtueller Ebene dient zu Beginn die Permanentmagnet- und Spulen-Simulationsumgebung SCANNERCONF . Diese ist am Institut für Medizintechnik in der Arbeitsgruppe MPI entstanden. Sie dient zur Simulation von Magnetfeldern, welche durch

Parameter	Wert	Einheit
s	$2{,}000{\cdot}10^{-2}$	m
V	$8{,}000{\cdot}10^{-6}$	m^3
d	$4{,}000{\cdot}10^{-2}$	m
$\sphericalangle$	$-1{,}571$	rad
$|\mathbf{M}|$	$9{,}600{\cdot}10^{5}$	Am^{-1}

TABELLE 3.4: Gewählte Parameter für die Simulation der Magnetanordnung in Abbildung 3.5.

ABBILDUNG 3.5: Darstellung des zu berechnenden Feldes zwischen den beiden Rechteckmagneten.

Permanentmagnete oder stromdurchflossene Spulen erzeugt werden. Außerdem nutzt sie zur Simulation das Ampère-Modell aus Abschnitt und ist über eine graphische Oberfläche steuerbar.

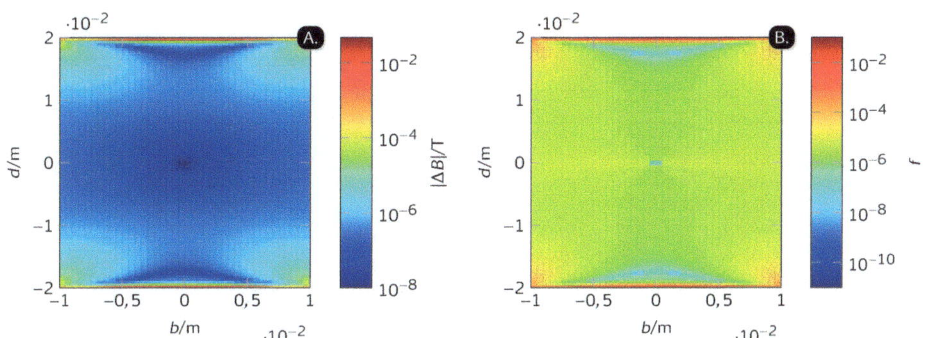

ABBILDUNG 3.6: Rechteckmagnet: A. stellt den absoluten Fehler der MATLAB - und SCANNERCONF -Simulation logarithmiert dar. B. zeigt den relativen Fehler.

Parameter	Wert	Einheit
r	$1{,}000 \cdot 10^{-2}$	m
l	$2{,}000 \cdot 10^{-2}$	m
V	$6{,}283 \cdot 10^{-6}$	m^3
d	$5{,}000 \cdot 10^{-2}$	m
$\sphericalangle$	$-1{,}571$	rad
$|M|$	$9{,}600 \cdot 10^{5}$	Am^{-1}

TABELLE 3.5: Gewählte Parameter für die Simulation der Magnetanordnung in Abbildung 3.7.

ABBILDUNG 3.7: Darstellung des zu berechnenden Feldes zwischen den beiden Zylindermagneten.

Drei verschiedene Permanentmagnetgeometrien sollen betrachtet werden. Jede besteht aus zwei Magneten gleicher Geometrie, deren Magnetisierung in entgegengesetzter Richtung entlang der z-Achse ausgerichtet ist. Das so generierte Feld besitzt somit einen feldfreien Punkt im Zentrum der Anordnung.

Dieses wird in 41×101 Punkte diskretisiert. Die Permanentmagnete der MATLAB -Simulation werden in 40×40 Dipolen diskretisiert.

Zunächst simulieren wir das Feld zwischen zwei Rechteckmagneten wie in Abbildung 3.5. Tabelle 3.4 beinhaltet die gewählten geometrischen Parameter.

Der absolute Fehler beider Magnetfelder ist in Abbildung 3.6 (Teil A.) dargestellt. Zusätzlich wird der relative Fehler berechnet (Teil B.).

Im Zentrum unterscheiden sich die simulierten Felder nur gering. Betrachtet man jedoch den Rand, welcher näher an den Permanentmagneten liegt, treten im Vergleich größere Unterschiede auf. Da in späteren Simulationen der Gradient ausschließlich im FFP berechnet wird, kann dieser Effekt vernachlässigt werden. Der relative Fehler liegt dann unter $0{,}01\,\%$.

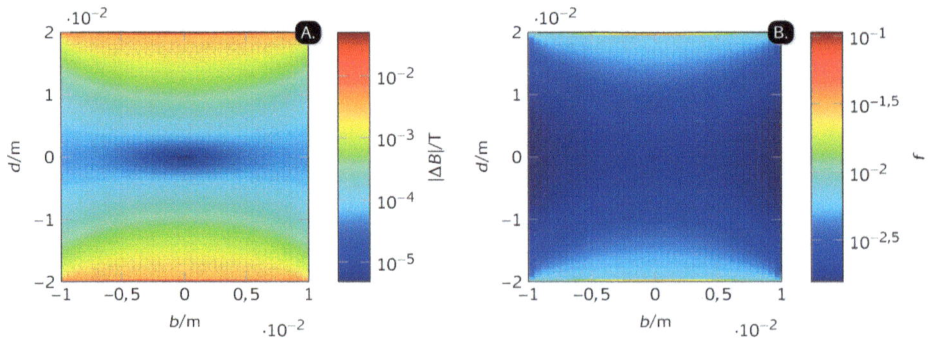

ABBILDUNG 3.8: Zylindermagnet: A. stellt den absoluten Fehler der MATLAB - und SCANNERCONF -Simulation logarithmiert dar. B. zeigt den relativen Fehler.

Parameter	Wert	Einheit
r_a	$1{,}000 \cdot 10^{-2}$	m
r_i	$5{,}000 \cdot 10^{-3}$	m
l	$2{,}000 \cdot 10^{-2}$	m
V	$4{,}712 \cdot 10^{-6}$	$\mathrm{m^3}$
d	$5{,}000 \cdot 10^{-2}$	m
$\sphericalangle$	$-1{,}571$	rad
$|M|$	$9{,}600 \cdot 10^5$	$\mathrm{A\,m^{-1}}$

TABELLE 3.6: Gewählte Parameter für die Simulation der Magnetanordnung in Abbildung 3.9.

ABBILDUNG 3.9: Darstellung des zu berechnenden Feldes zwischen den beiden Magneten.

Als nächste Geometrie wird ein Zylindermagnet untersucht. Dieser wird beispielsweise in [2] verwendet und stellt die in Abschnitt zu optimierende Permanentmagnetform dar. In Abbildung 3.7 ist das zu simulierende Feld dargestellt. Tabelle 3.5 liefert die entsprechenden Parameter.

Analog zum Rechteckmagneten berechnen wir den absoluten Fehler beider Magnetfelder (Abbildung 3.8, Teil A.). Zusätzlich wird der relative Fehler abgebildet (Teil B.).

Wie auch beim Rechteckmagneten befinden sich im Zentrum geringere Unterschiede als am Feldrand. Insgesamt ist der relative Fehler jedoch leicht höher als bei der zuvor betrachteten Geometrie. Dieser ist um ca. einen Faktor 10 erhöht, liegt aber größtenteils unter $0{,}1\,\%$.

Schließlich soll nun ein Torus mit rechteckigem Querschnitt untersucht werden. Dies ist die in Abbildung 3.9, Teil A., abgebildete Ringmagnetgeometrie. Die Parameter befinden sich wiederum in Tabelle 3.6.

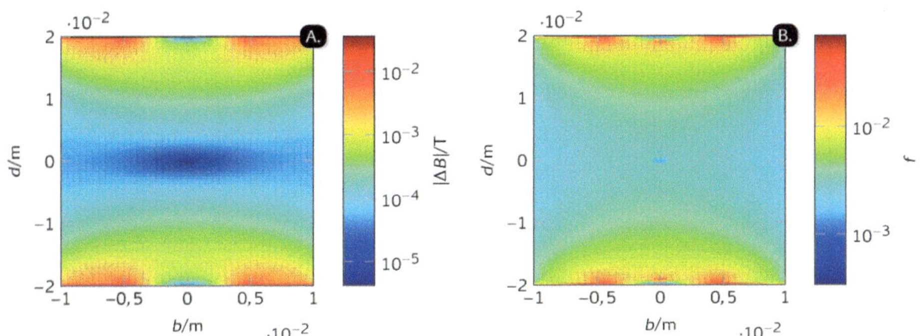

ABBILDUNG 3.10: Ringmagnet: A. stellt die Differenz der MATLAB- und SCANNERCONF-Simulation logarithmiert dar. B. zeigt den relativen Fehler.

Bei der Fehlerbetrachtung sieht man die Analogie zum zuvor besprochenen Zylindermagneten aufgrund der ähnlichen Geometrie. Am Feldrand, nah dem Permanentmagneten, sind größere Ungenauigkeiten zu finden, im Zentrum liegt der Fehler unter $0,1\,\%$. Die entsprechende Visualisierung findet man in Abbildung 3.10.

Möglicherweise wird der Fehler der drei untersuchten Fälle kleiner, wenn man die Diskretisierung der Permanentmagnete erhöht. Dies soll im nächsten Abschnitt gezeigt werden.

—— 3.2.2 Zusammenhang Diskretisierung und Genauigkeit der Simulation ——

Zuvor wurde ein zweidimensionales Field of View mit einer konstanten Diskretisierung der Permanentmagneten simuliert. Beschränkt wird sich nun auf den Gradienten der z-Komponente im FFP. Untersucht wird, inwiefern ein Zusammenhang zwischen der Diskretisierung und dem Fehler zwischen MATLAB-Implementierung und SCANNERCONF besteht.

Parameter	Wert	Einheit
s	$7,000{\cdot}10^{-2}$	m
l	$6,000{\cdot}10^{-2}$	m
V	$2,940{\cdot}10^{-4}$	m^3
d	$0,127$	m
$|M|$	$9,600{\cdot}10^5$	Am^{-1}
G_{ref}	$-3,587$	Tm^{-1}
$\sphericalangle$	$-1,571$	rad

TABELLE 3.7: Parameter des Rechteckmagnets zur Überprüfung des Zusammenhangs Diskretisierung $\leftrightarrow$ Genauigkeit.

Zunächst wird daher ein einfacher Rechteckmagnet betrachtet. Die Simulation besitzt eine Diskretisierungsspanne von 10 bis 200 Dipolen pro Dimension. Als Referenzwert dient der mit

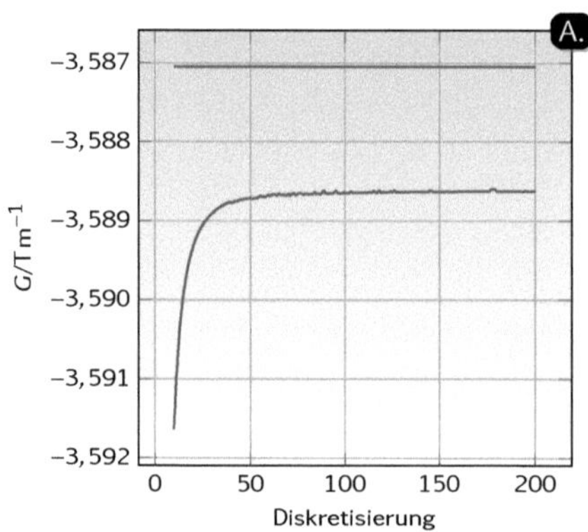
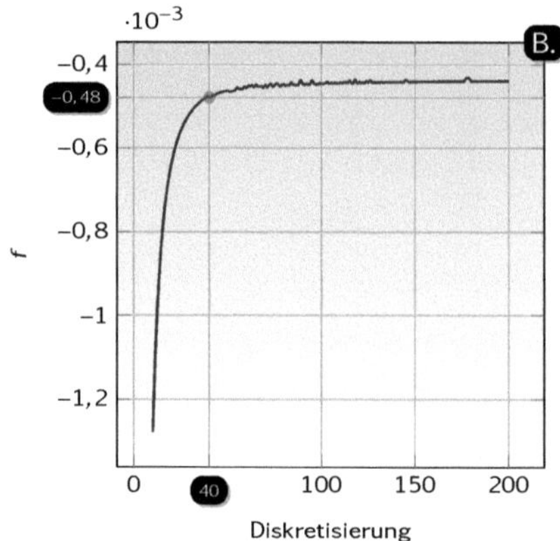

ABBILDUNG 3.11: Zusammenhang Gradient und Diskretisierung bei Simulation des Gradienten im FFP einer Rechteckmagnetanordnung. A. zeigt den Verlauf der MATLAB-Simulation (−) zu SCANNERCONF (−). Im rechten Plot ist der relative Fehler beider Simulationen abgebildet.

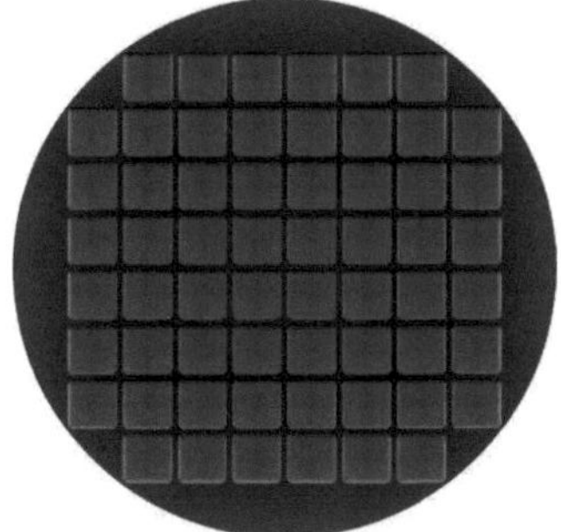

ABBILDUNG 3.12: Niedrige Diskretisierung eines Zylindermagneten. Die größeren Dipol-Würfel füllen den Zylinder schlecht aus.

ABBILDUNG 3.13: Hohe Diskretisierung eines Zylindermagneten. Die kleineren Dipol-Würfel füllen den Zylinder besser aus.

SCANNERCONF in Tabelle 3.7 berechnete Gradient G_{ref}. Zudem sind dort die geometrischen Parameter des Rechteckmagneten zu finden. Es ist anzumerken, dass bei SCANNERCONF eine Diskretisierung von 200 gleichverteilten Strömen je Oberfläche voreingestellt ist und diese nicht variiert werden kann.

Als Resultat stellt Abbildung 3.11 Teil A. den Verlauf des Gradienten gegenüber G_{ref} dar. Teil B. zeigt den relativen Fehler beider Simulationen.

Wie deutlich zu erkennen ist, nähert sich die MATLAB -Simulation für höhere Diskretisierungen gleichmäßig einem bestimmten Wert an. Dieser ist minimal verschieden zum Wert von SCANNERCONF. Der relative Fehler verläuft so unter $-0,05\,\%$.

Schließlich soll nun nach gleichem Schema für einen Zylindermagneten mit den geometrischen Parameter aus Tabelle 3.8 verfahren werden. Im entsprechenden Plot in Abbildung 3.14 nähert sich der Gradient der MATLAB -Simulation dem von SCANNERCONF an, so dass der relative Fehler minimal wird. Der Betrag geht für hohe Diskretisierungen unter $0,1\,\%$.

Auffallend ist, dass sich die Verläufe der Gradienten von Zylindermagnet und Rechteckmagnet stark unterscheiden. Der Verlauf des Rechteckmagneten ist eher gleichmäßig,

Parameter	Wert	Einheit
r	$3,500 \cdot 10^{-2}$	m
l	$6,000 \cdot 10^{-2}$	m
V	$2,309 \cdot 10^{-4}$	m^3
d	$0,127$	m
$|M|$	$9,600 \cdot 10^{5}$	Am^{-1}
G_{ref}	$-3,178$	Tm^{-1}
$\sphericalangle$	$-1,571$	rad

TABELLE 3.8: Parameter des Zylindermagneten zur Überprüfung des Zusammenhangs Diskretisierung $\leftrightarrow$ Genauigkeit.

wohingegen der des Zylindermagneten für niedrige Diskretisierungsschritte auf und ab springt.

Der Grund dafür ist die Zusammensetzung der simulierten Permanentmagnete aus den würfelförmigen Dipolen. Mit diesen lässt sich ein Rechteckmagnet geometrisch einfacher zusammensetzen als ein Zylindermagnet. In Abbildung 3.12 und 3.13 erkennt man, dass der zu simulierenden Zylindermagnet nicht vollkommen aus den Würfeln beschrieben werden kann. Höhere Diskretisierungen nähern sich dem jedoch an, so dass die Ausreißer des Gradienten niedriger werden. (Abbildung 3.14, Teil A.).

Da mit höheren Diskretisierungsschritten die Berechnungszeit kubisch ansteigt, wird eine Diskretisierung von 40 als Kompromiss zwischen Genauigkeit und Zeitaufwand angenommen. Diese Diskretisierung wird in Abschnitt genutzt.

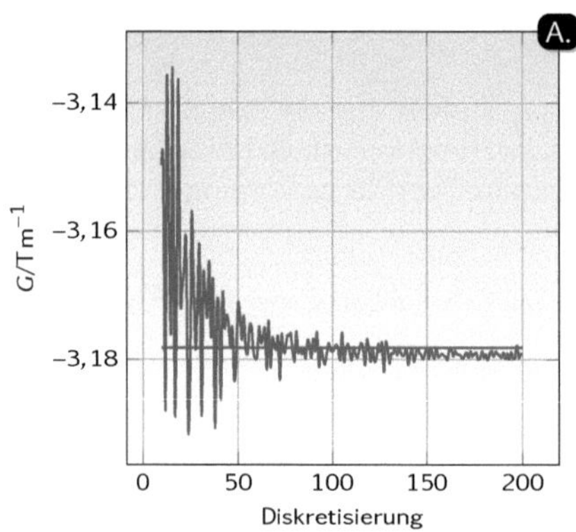
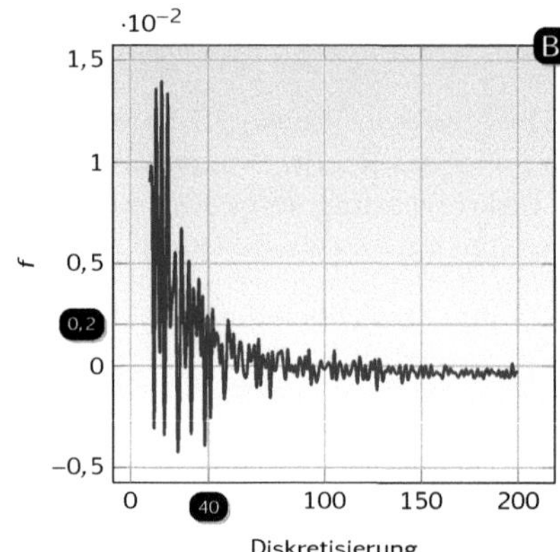

ABBILDUNG 3.14: Zusammenhang Gradient und Diskretisierung bei Simulation des Gradienten im FFP einer Zylindermagnetanordnung. A. zeigt den Verlauf der MATLAB-Simulation (–) zu SCANNERCONF (–). Im rechten Plot ist der relative Fehler beider Simulationen abgebildet.

——— 3.2.3 Vergleich simulierter und vermessener Magnetanordnung ———

Bisher wurden Vergleiche nur auf der Simulationsebene getätigt. Nun soll die MATLAB-Simulation das Magnetfeld einer selbstgebaute Magnetanordnung wie in Abbildung 3.15 simulieren. Das Feld wird dazu per Hall-Sonde vermessen. Die verwendete Sonde der Firma LakeShore ist in Abbildung 3.16 schematisch dargestellt.

Diese wird in einen kleinen Roboterarm der Firma Owis eingespannt, der sich in zwei Richtungen bewegen lässt und somit eine zweidimensionale Fläche der Größe 2 cm × 2 cm abfahren kann. In Abbildung 3.17 ist eine Messposition, für die bessere Übersicht ohne den Roboterarm, dargestellt. Das Fenster besitzt eine Öffnung von 3 cm × 4 cm. Schließlich ist die Hall-Sonde, über ein Gauss-Meter, sowie der Roboter an einen Computer, welcher die Steuerung übernimmt, angeschlossen.

Parameter	Wert	Einheit
r	$1,25 \cdot 10^{-2}$	m
l	$7,00 \cdot 10^{-3}$	m
V	$3,44 \cdot 10^{-6}$	m^3
d	$4,80 \cdot 10^{-2}$	m
$\sphericalangle$	$1,57$	rad
$|M|$	$9,60 \cdot 10^5$	$A\,m^{-1}$

TABELLE 3.9: Gewählte Parameter für die Simulation der Magnetanordnung in Abbildung 3.15.

ABBILDUNG 3.15: Schematische Darstellung der zu vermessenden Magnetanordnung.

Bevor die Messung gestartet werden kann, muss die Hall-Sonde zunächst kalibriert werden, um zu vermeiden dass die Messwerte das überlagerte Erdmagnetfeld mit beinhalten. Dazu entfernt man alle externen Magnetfelder, sodass möglichst nur noch das Erdmagnetfeld Einfluss auf die Sonde hat. Nun kann diese kalibriert und zur Messung verwendet werden.

Auf Grund der geringen Reichweite des Roboterarms werden sechs Flächen gemessen, die später manuell zusammengesetzt werden. Mit Hilfe einer Folie (siehe Abbildung 3.18) wird die Hall-Sonde an den jeweiligen Punkt positioniert und scannt dort ein $1,5\,cm \times 1,5\,cm$ großes Feld ab. Jedes einzelne Magnetfeld wird in 20 Messpunkte diskretisiert. Dies muss für x, y und z-Richtung des Magnetfeldes durchgeführt werden. So erhält man schließlich 3×6 Magnetfelder, die sich an den entsprechenden Flächen überlappen.

Der nächste Schritt ist das Zusammenfügen der einzelnen Teilfelder. Das zusammengesetzte Magnetfeld ist in Abbildung 3.20 zu sehen.

Nachdem das gemessene Magnetfeld zusammengesetzt wurde, kann ein Vergleich zur MATLAB-Simulation stattfinden. Zunächst kann man davon ausgehen, dass wie in Abbildung 3.19 geschildert, ein Versatz in x-, y- und z-Richtung nicht zu vermeiden ist. Zudem sind die gemessenen Felder minimal verdreht. Aufgrund der verwendeten Folie, nehmen wir eine

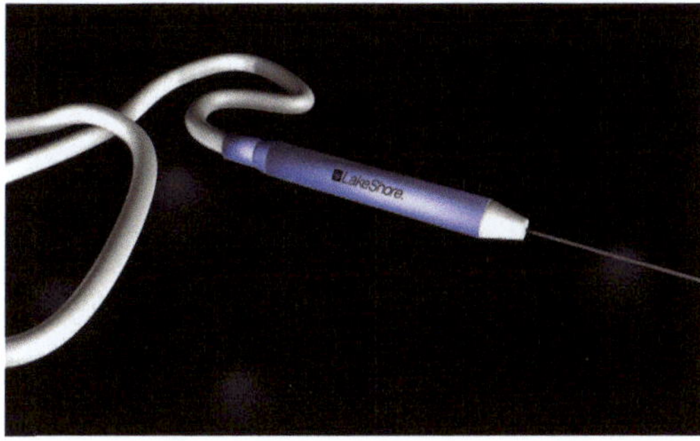

ABBILDUNG 3.16: Hall-Sonde von LakeShore.

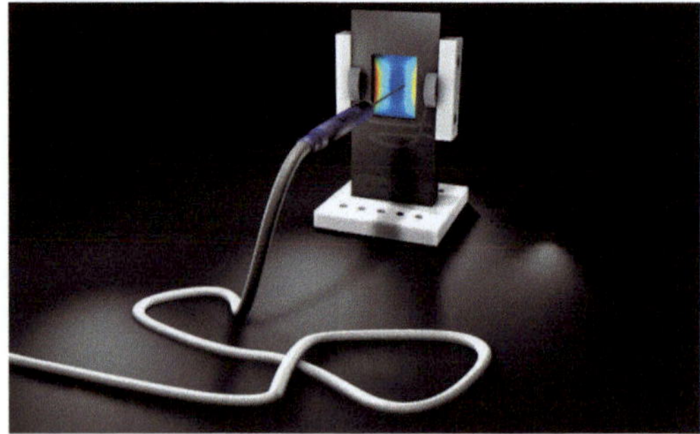

ABBILDUNG 3.17: Zur Vermessung des Feldes wird die Hall-Sonde an die jeweiligen Positionen im Fenster der Magnethalterung geführt.

korrekte Positionierung in y- und z-Richtung an. Daher wird nur ein möglicher Versatz in x-Richtung behandelt.

Dazu soll das simulierte Magnetfeld an verschiedenen Positionen berechnet werden. Dieser Bereich umfasst eine Verschiebung von $-2,5\,$mm bis $2,5\,$mm und ist diskretisiert in 60 Schritte (Index h). Bei jedem Schritt wird ein Korrekturfaktor k_h, nach der „Methode der kleinsten Quadrate" [14], berechnet. Dazu nutzt man die gemessenen und simulierten Daten und bestimmt den Korrekturfaktor k_h durch Minimierung der Kostenfunktion

$$\chi_h(\mathbf{k}_h) = \sum_{i=1}^{M} \sum_{j=1}^{M} \left| \mathbf{B}_{i,j}^{\text{Matlab}}(\mathbf{r}_{i,j} + \mathbf{l}_h) - \mathbf{k}_h \mathbf{B}_{i,j}^{\text{Messung}}(\mathbf{r}_{i,j}) \right|. \tag{3.3}$$

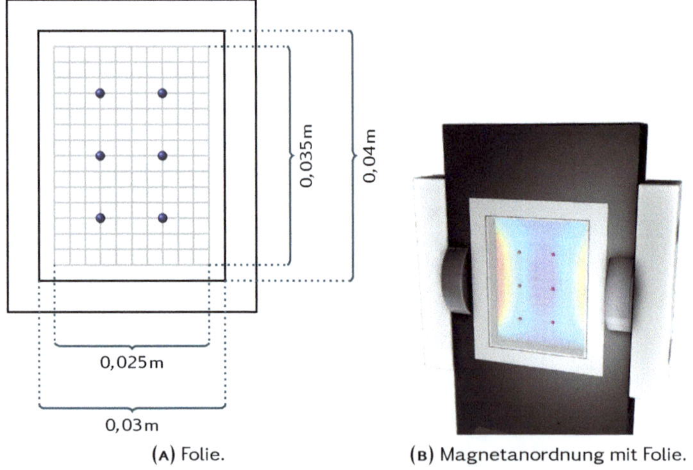

(A) Folie.　　　　(B) Magnetanordnung mit Folie.

ABBILDUNG 3.18: Verwendung der Folie bei der Magnetanordnung.

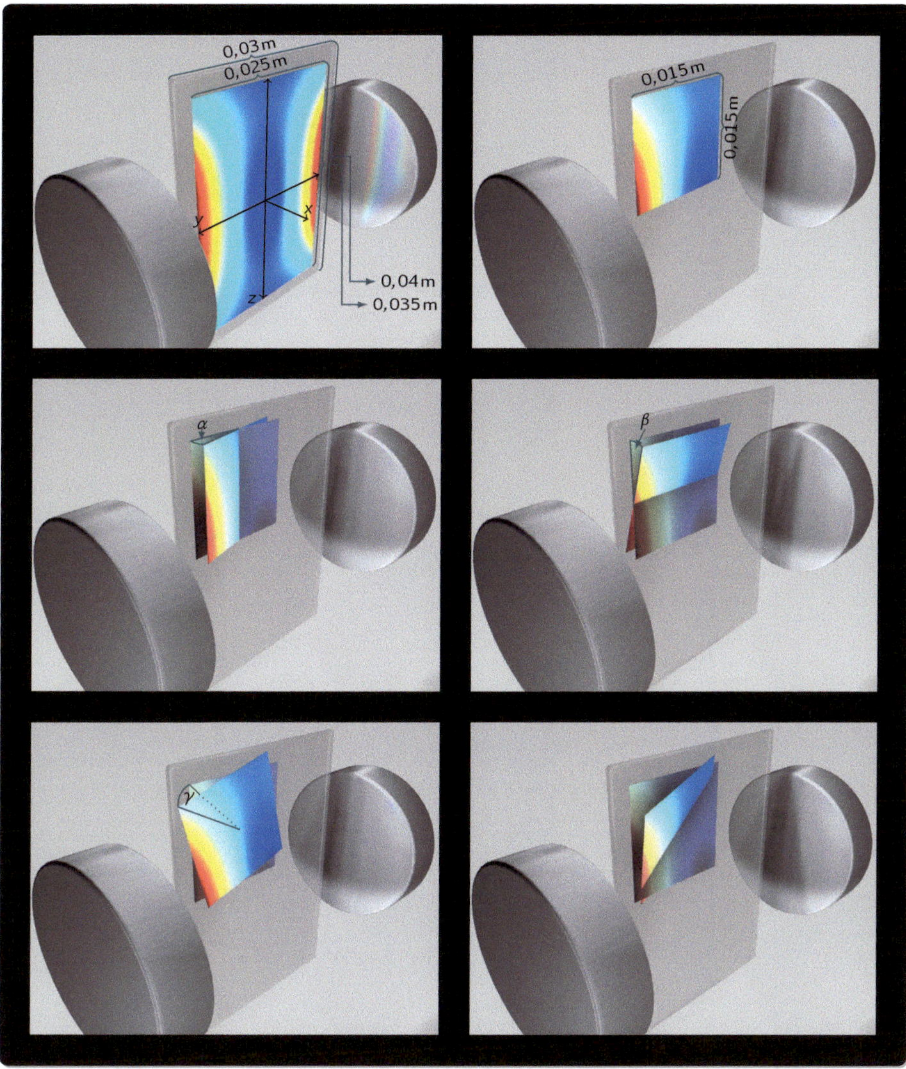

ABBILDUNG 3.19: Fehlerbetrachtung der zu vermessenden Magnetanordnung. Die einzeln vermessenen Teilfelder können sowohl in x-, y- und z-Richtung verschoben sein. Zudem ist eine Drehung der Felder nicht auszuschließen.

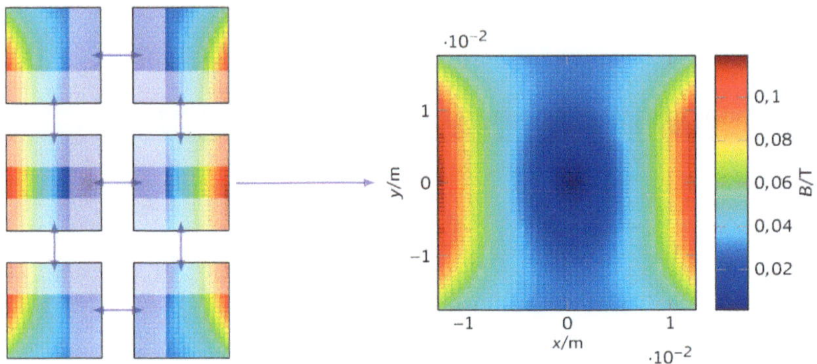

ABBILDUNG 3.20: Zusammengesetztes Magnetfeld der Messung.

Das Minimierungsproblem hat eine explizite Lösung, die durch

$$k_h = \frac{\sum_{i=1}^{M}\sum_{j=1}^{N} \mathbf{B}_{i,j}^{\mathrm{Matlab}_y}(\mathbf{r}_{i,j}+\mathbf{l}_h)\cdot \mathbf{B}_{i,j}^{\mathrm{Messung}_y}(\mathbf{r}_{i,j})+\mathbf{B}_{i,j}^{\mathrm{Matlab}_z}(\mathbf{r}_{i,j}+\mathbf{l}_h)\cdot \mathbf{B}_{i,j}^{\mathrm{Messung}_z}(\mathbf{r}_{i,j})}{\sum_{i=1}^{M}\sum_{j=1}^{N}\left|\mathbf{B}_{i,j}^{\mathrm{Matlab}_y}(\mathbf{r}_{i,j}+\mathbf{l}_h)\right|^2+\left|\mathbf{B}_{i,j}^{\mathrm{Matlab}_z}(\mathbf{r}_{i,j}+\mathbf{l}_h)\right|^2} \tag{3.4}$$

gegeben ist. Hierbei bezeichnet die Matrix $\mathbf{B}^{\mathrm{Messung/Matlab}_{y/z}}$ die jeweilige Magnetfeldkomponente der Messung/Simulation. Der Vektor $\mathbf{r}_{i,j}$ gibt die Positionen der Magnetfeldberechnung/Simulation und $\mathbf{l}_h$ die Verschiebung der Simulation in x-Richtung an:

$$\mathbf{l}_h = \begin{pmatrix} x_h \\ 0 \\ 0 \end{pmatrix}, \quad x_h \in [-0.0025, 0.0025]. \tag{3.5}$$

Die x-Komponente der Magnetfelder ist in dieser Berechnung aufgrund der großen Unterschiede zwischen Simulation und Messung nicht berücksichtigt worden.

Der Faktor k_h ermöglicht es die korrigierte Magnetisierung in jeder Iteration zu berechnen

$$|\mathbf{M}|_h' = k_h \cdot |\mathbf{M}|. \tag{3.6}$$

Dies ist von Nöten, da die Remanenz nach Herstellerangaben [7] nicht exakt angegeben wurde. Diese liegt zwischen $1170\,\mathrm{mT}$ und $1250\,\mathrm{mT}$. Unter Zuhilfenahme von Gleichung (2.9) wird

$$|\mathbf{M}| = \frac{1170\,\mathrm{mT} - 1250\,\mathrm{mT}}{4\pi \cdot 10^{-7}\,\mathrm{H\,m^{-1}}} \tag{3.7}$$

$$= 9{,}629 \cdot 10^5\,\mathrm{A\,m^{-1}} \tag{3.8}$$

der Betrag der mittleren Magnetisierung berechnet und für die Simulation verwendet.

Mit dem gewonnenen Korrekturfaktor k_h berechnen wir nun den korrigierten Fehler für jede Feldkomponente pro Iteration

$$F_h^x = k_h \cdot \mathbf{B}^{\mathrm{Matlab}_x}(\mathbf{r}_{i,j}+\mathbf{l}_h) - \mathbf{B}^{\mathrm{Messung}_x}(\mathbf{r}_{i,j}) \tag{3.9}$$

$$F_h^y = k_h \cdot \mathbf{B}^{\mathrm{Matlab}_y}(\mathbf{r}_{i,j}+\mathbf{l}_h) - \mathbf{B}^{\mathrm{Messung}_y}(\mathbf{r}_{i,j}) \tag{3.10}$$

$$F_h^z = k_h \cdot \mathbf{B}^{\mathrm{Matlab}_z}(\mathbf{r}_{i,j}+\mathbf{l}_h) - \mathbf{B}^{\mathrm{Messung}_z}(\mathbf{r}_{i,j}) \tag{3.11}$$

und summieren das Quadrat des Fehlers auf

$$f_h = \sum_{i=1}^{M} \sum_{j=1}^{N} \left|F_h^{x_{i,j}}\right|^2 + \left|F_h^{y_{i,j}}\right|^2 + \left|F_h^{z_{i,j}}\right|^2. \tag{3.12}$$

Der Verlauf von f_h über die Verschiebung ist in Abbildung 3.21 dargestellt.

Das Minimum findet man um $-1,271 \cdot 10^{-4}$ m verschoben von der x-Achse. Die korrigierte Magnetisierung soll nun noch einmal explizit für die optimierte Position angegeben werden:

$$|M'|_{f_{min}} = k_{f_{min}} \cdot |M| \tag{3.13}$$
$$= 0,66 \cdot 9,629 \cdot 10^5 \, \mathrm{A\,m^{-1}} \tag{3.14}$$
$$= 6,366 \cdot 10^5 \, \mathrm{A\,m^{-1}}. \tag{3.15}$$

Da an dieser Position der Fehler minimal ist, ist in Abbildung 3.23 der relative Fehler der einzelnen Feldkomponenten und des Absolutbetrags zwischen Messung und MATLAB-Implementierung dargestellt. Abbildung 3.22 stellt die einzelnen Komponenten von Messung und Simulation gegenüber.

Betrachtet man die x-Komponente, bemerkt man, dass die Differenz bzw. der relative Fehler sehr groß ist. Der Grund dafür ist, dass die Simulation für die Komponente Null liefert. Bei der Messung führen jedoch nur geringe Positionsabweichungen zu verfälschten Werten.

Sowohl y- und z-Komponente liefern bessere Ergebnisse. Hier konnte der relative Fehler aufgrund der nachträglichen Verschiebung minimiert werden. Der relative Fehler beträgt größtenteils weniger als 10 %. Wie zu erkennen ist, weisen die rötlichen Linien einen hohen

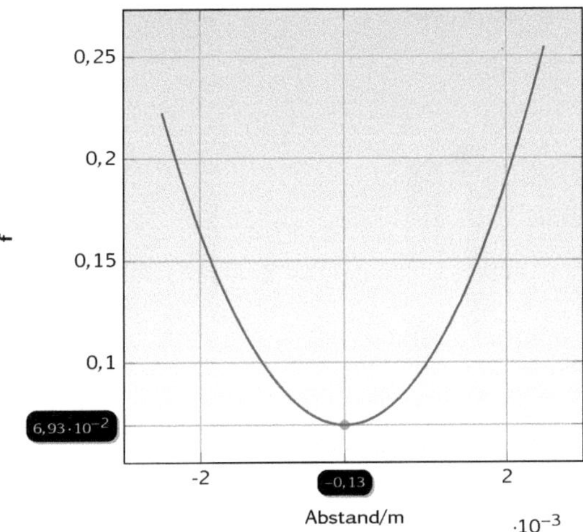

ABBILDUNG 3.21: Verlauf der euklidischen Norm bei einer Feldverschiebung der Simulation von $-2,5$ mm bis $2,5$ mm. Gekennzeichnet ist das Minimum bei einem Abstand von $-1,271 \cdot 10^{-4}$ m vom Mittelpunkt der x-Achse.

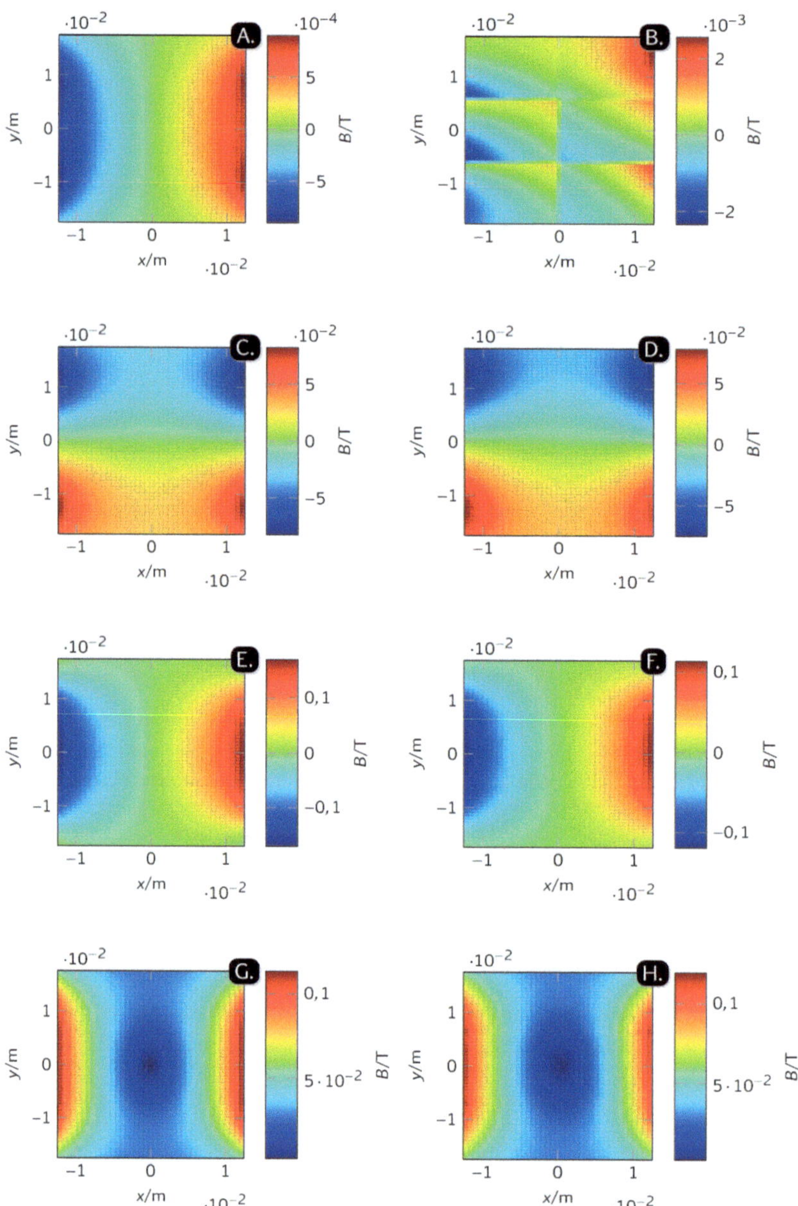

ABBILDUNG 3.22: In der linken Spalte befinden sich die simulierten Feldkomponenten (von oben nach unten: x-, y- und z-Komponente und Absolutbetrag) und analog dazu in der rechten Spalte die gemessenen Feldkomponenten.

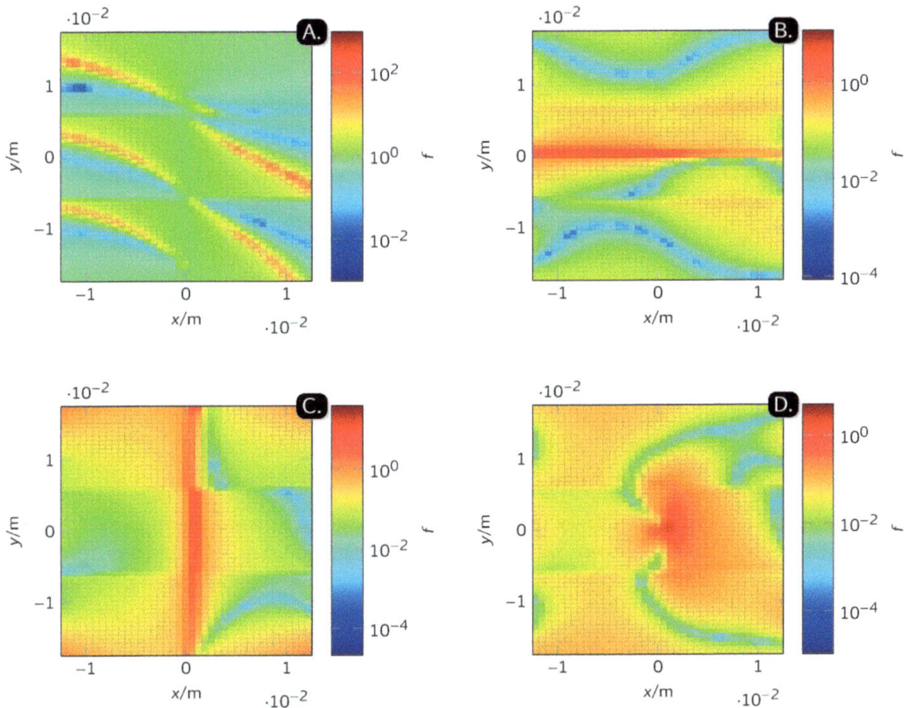

Abbildung 3.23: Relativer Fehler der A. x-Komponente, B. y-Komponente, C. z-Komponente und D. des Absolutbetrags zwischen Messung und Matlab -Simulation.

Fehler auf. Diese kennzeichnen den Vorzeichenwechsel des Feldes in beiden Komponenten. Minimale Messabweichungen bedeuten einen hohen Fehler (analog zur x-Komponente).

In der Darstellung des Absolutbetrags erkennt man im Zentrum den feldfreien Punkt der zwischen Simulation und Messung verschoben ist und deshalb einen höheren Fehler liefert. Hier ist der relative Fehler größtenteils im Bereich von oder unter 10 % zu finden.

3.3 Optimierung

Nach einer ausführlichen Evaluierung der MATLAB -Implementierung wird in diesem Abschnitt analysiert, ob der Gradient im FFP der Permanentmagnetanordnung aus [2] gesteigert werden kann. Die Gradientensteigerung bedeutet eine potentielle Verbesserung des Auflösungsvermögens (siehe Abschnitt). Dem schließt sich eine Volumenoptimierung an: es wird untersucht, ob das Volumen bei gleichbleibenden Gradienten minimiert werden kann.

Zunächst beschränken wir uns auf die Variation eines Geometrieparameters der Permanentmagneten, um einen Eindruck zu erhalten, wie der Gradient reagiert und wo der größte Gradient zu finden ist. Danach erweitern wir die Simulation auf zwei Parameter, um schließlich alle drei Parameter unter dem Gesichtspunkt „minimales Volumen bei gleichem Gradient"zu betrachten.

Als Ausgangspunkt dienen die Parameter aus Tabelle 3.2. Das Feld auf der z-Achse wird in 101 und die Variationsbereiche in 100 Schritte diskretisiert.

Die Permanentmagnetgeometrie besteht wieder aus zwei Permanentmagneten mit identischen Parametern. Diese stehen sich gegenüber und erzeugen ein Gradientenfeld. Die Drehung der Magnetisierung geschieht symmetrisch wie in Abbildung 3.24 skizziert.

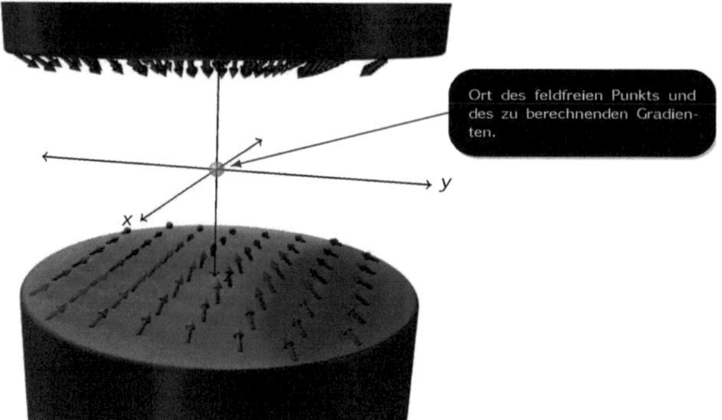

ABBILDUNG 3.24: Permanentmagnetgeometrie mit gekippter Magnetisierung. Der feldfreie Punkt ist im Zentrum der Anordnung. Das Magnetfeld und dessen Gradient wird auf der z-Achse berechnet.

3.3.1 Gradientoptimierung

Ein variabler Parameter

Zunächst betrachten wir die Auswirkung auf den Gradienten unter Variation eines Parameters. Dazu nutzen wir die in Abbildung 3.26 gelisteten Variationsbereiche. In Tabelle 3.10 findet man die Ergebnisse der Simulation mit den entsprechenden Parametern der Magnetgeometrie für den maximalen Gradienten G_{max}.

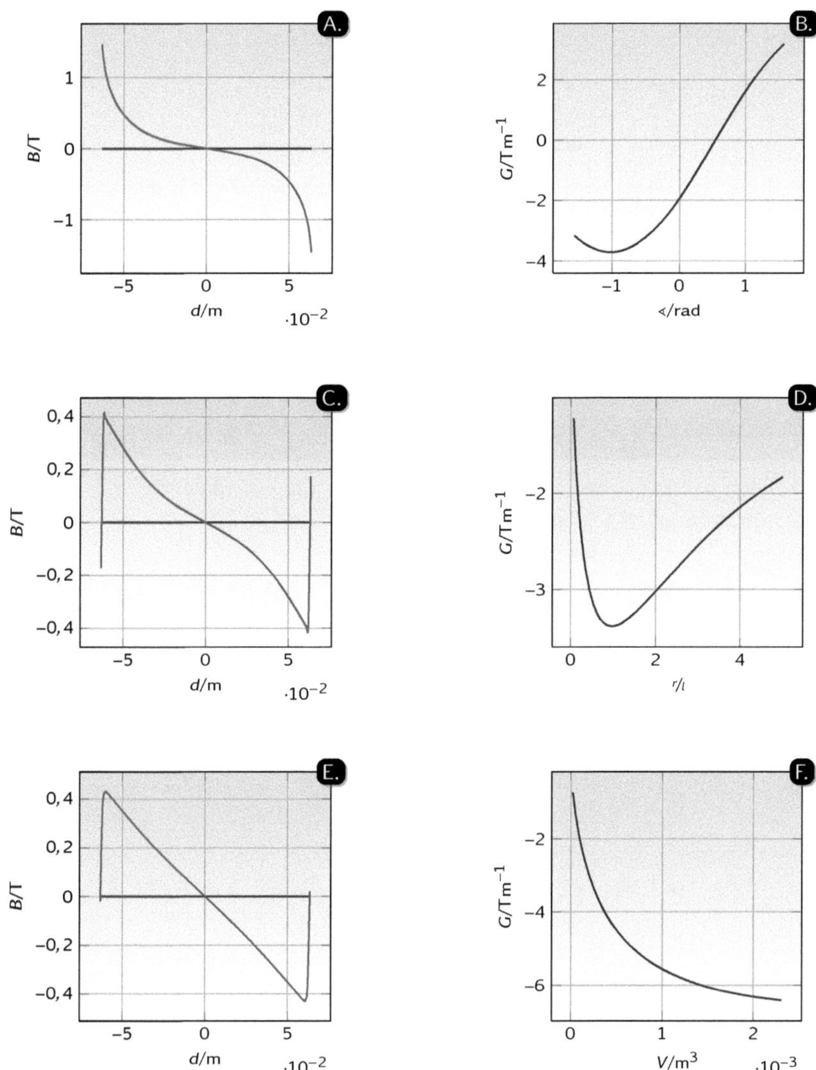

ABBILDUNG 3.25: Ergebnisse der Variation eines Parameters: In der linken Spalte befinden sich die optimierten Magnetfelder mit x- (–), y- (–) und z-Komponente (–). Sowohl x- und y-Komponente haben den Betrag Null. Rechts sind die entsprechenden Gradienten der Variationsbereiche aus Abbildung 3.26 dargestellt.

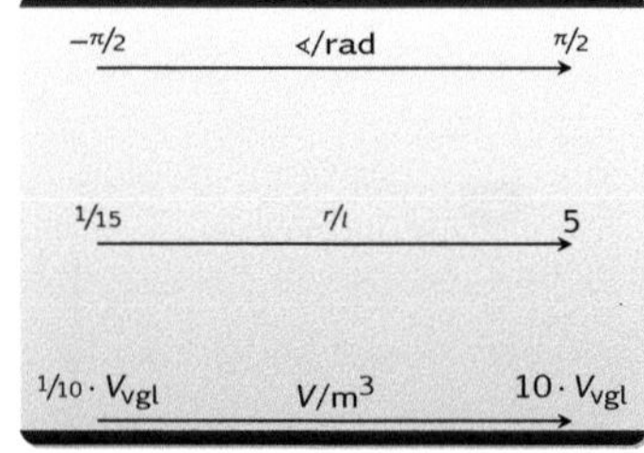

ABBILDUNG 3.26: Variationsbereiche für die Gradientoptimierung mit einem variablen Parameter.

Abbildung 3.25 zeigt die entsprechenden Plots für den Verlauf des Gradienten auf der rechten Seite und das Magnetfeld für den maximalen Gradienten auf der linken Seite. Für jeden der drei Variationsbereiche erhält man so einen optimalen Wert, sprich einen maximalen Gradienten.

Parameter	$\sphericalangle_{\mathrm{var}}$	r/l_{var}	V_{var}	Einheit
G_{max}	$-3,719$	$-3,381$	$-6,414$	$\mathrm{T\,m}^{-1}$
G-Optimierung	$117,240$	$106,590$	$202,220$	$\%$
$\sphericalangle$	$-1,031$	$-1,571$	$-1,571$	rad
r/l	$0,583$	$0,964$	$0,583$	$-$
r	$3,500\cdot10^{-2}$	$4,138\cdot10^{-2}$	$7,541\cdot10^{-2}$	m
l	$6,000\cdot10^{-2}$	$4,294\cdot10^{-2}$	$0,129$	m
V	$2,309\cdot10^{-4}$	$2,309\cdot10^{-4}$	$2,309\cdot10^{-3}$	m^3

TABELLE 3.10: Ergebnisse für die Gradientoptimierung mit einem variablen Parameter.

Zwei variable Parameter

Nun sollen zwei Parameter, wie die Variationsbereiche in Abbildung 3.27 verdeutlichen, variiert werden. Dazu kombiniert man je zwei Variationsbereiche. In Abbildung 3.28 sind die

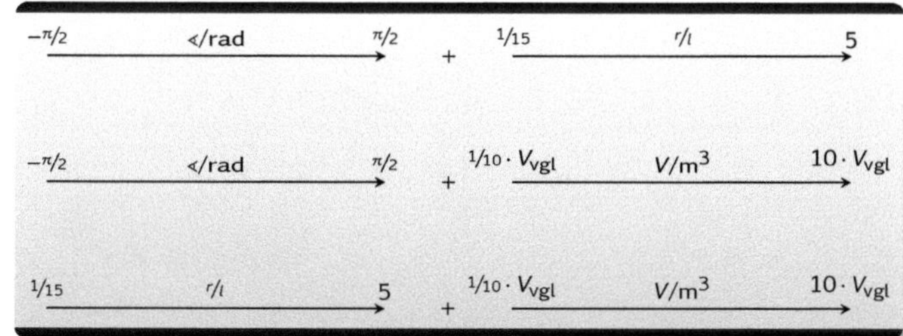

ABBILDUNG 3.27: Variationsbereiche für die Gradientoptimierung mit zwei variablen Parameter.

entsprechenden Plots zu finden. Auf der linken Seite befinden sich die jeweiligen Gradienten für die Variationsbereiche und auf der rechten Seite das optimierte Magnetfeld für den maximalen Gradienten.

Parameter	$∢_{var} + r/l_{var}$	$∢_{var} + V_{var}$	$r/l_{var} + V_{var}$	Einheit
G_{max}	$-4,416$	$-10,354$	$-6,512$	$T\,m^{-1}$
G-Optimierung	$139,238$	$226,450$	$105,316$	%
$∢$	$-0,809$	$-0,651$	$-1,571$	rad
r/l	$1,661$	$0,583$	$0,465$	–
r	$4,961 \cdot 10^{-2}$	$7,541 \cdot 10^{-2}$	$6,993 \cdot 10^{-2}$	m
l	$2,986 \cdot 10^{-2}$	$0,129$	$0,150$	m
V	$2,309 \cdot 10^{-4}$	$2,309 \cdot 10^{-3}$	$2,309 \cdot 10^{-3}$	m^3

TABELLE 3.11: Ergebnisse für die Gradientoptimierung mit zwei variablen Parameter.

Tabelle 3.11 liefert die Ergebnisse mit den optimierten Parametern.

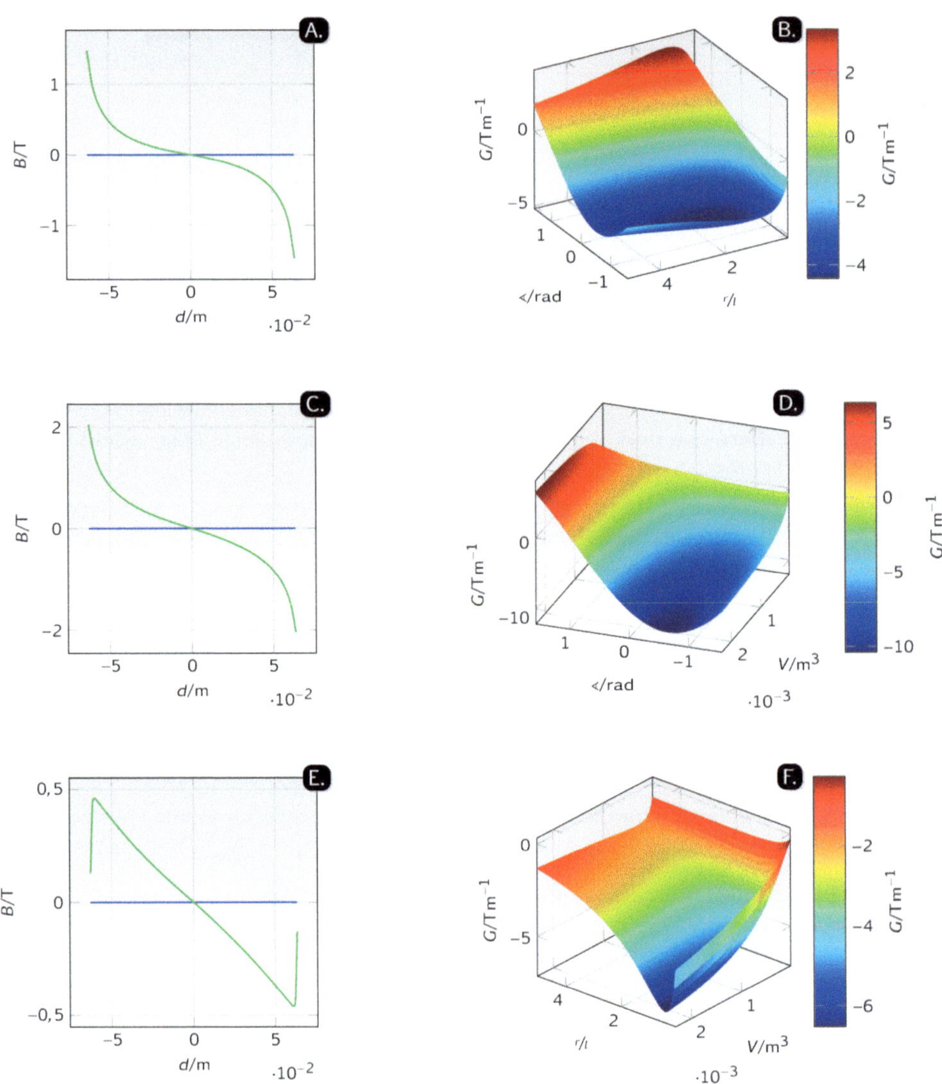

ABBILDUNG 3.28: Ergebnisse der Variation zweier Parameter: In der linken Spalte befinden sich die optimierten Magnetfelder mit — x-, — y- und — z-Komponente. Rechts sind die entsprechenden Gradienten der Variationsbereiche aus Abbildung 3.27 dargestellt.

3.3.2 Volumenoptimierung

In diesem Abschnitt soll analysiert werden, ob man das Volumen einer gegebenen Permanentmagnetgeometrie minimieren kann, ohne dabei den Gradienten zu ändern. Hierzu sollen das Volumen V, der Magnetisierungswinkel $\sphericalangle$ und das Verhältnis r/l variiert werden.

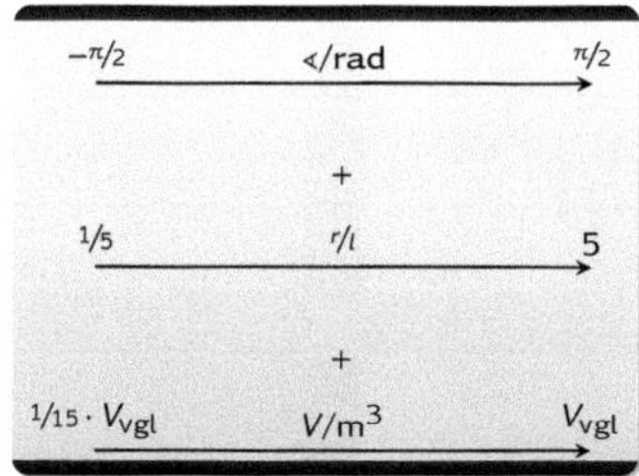

ABBILDUNG 3.29: Variationsbereiche für die Volumenoptimierung.

In Abbildung 3.29 sind die Variationsbereiche der Parameter aufgelistet. Die Variationsbereiche wurden jeweils in 100 Schritte diskretisiert. Somit erhält man eine dreidimensionale Matrix, welche aus $1 \cdot 10^5$ Gradienten besteht und deren drei Dimensionen die Variationsbereiche darstellen.

Parameter	Wert	Einheit
Ausgangsvolumen	$2,309{\cdot}10^{-4}$	m^3
Ausgangsgradient	$-3,172$	$\mathrm{T\,m}^{-1}$
Optimiertes Volumen	$1,286{\cdot}10^{-4}$	m^3
Optimierter Gradient	$-3,176$	$\mathrm{T\,m}^{-1}$
Volumenersparnis	$44,310$	$\%$
r/l	$1,897$	$-$
r	$4,266{\cdot}10^{-2}$	m
l	$2,249{\cdot}10^{-2}$	m
$\sphericalangle$	$-0,873$	rad

TABELLE 3.12: Ergebnisse für die Gradientoptimierung mit drei variablen Parameter.

Die dreidimensionale Gradientenmatrix ist in Abbildung 3.30 aus verschiedenen Blickwinkeln dargestellt. Die Achsen und deren Richtungen entsprechen denen aus Abbildung 3.29. Auf der linken Seite findet man das komplette Gradientenvolumen. Rechts wurde der Teil farblich hervorgehoben, der dem Ausgangsgradienten G_{ref} entspricht.

Aus diesem Bereich sucht man nun den Gradienten für das minimale Volumen. Dieser beträgt $-3,176\,\mathrm{T\,m}^{-1}$ und ist sogar minimal größer als G_{ref} mit $-3,172\,\mathrm{T\,m}^{-1}$. Das dem optimierten Gradienten zugehörige Volumen ist $44,3098\,\%$ kleiner als das Ausgangsvolumen. Weitere Ergebnisse sind in Tabelle 3.12 zu finden.

Auf Grund des hohen Rechenbedarfs wurde die MATLAB-Implementierung so modifiziert, dass die Berechnungen über SSH auf dem Computer-Pool der Universität übertragen und

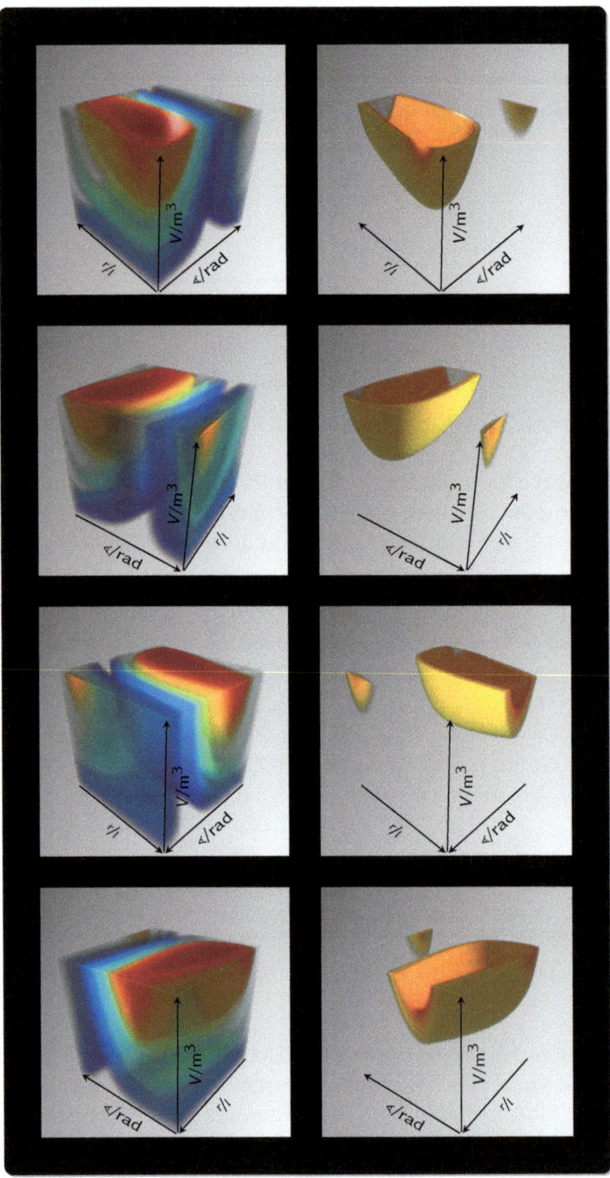

ABBILDUNG 3.30: Resultate der Simulation unter Verwendung von drei variablen Parametern. In der linken Spalte befindet sich die Gradientenmatrix in normaler Darstellung und in der rechten Spalte die Gradientenmatrix mit farblicher Hervorhebung des Ausgangsgradienten G_{ref}.

dort ausgelagert wurden. Hier rechneten zwölf Intel Pentium 4 Prozessoren (Core 2 Quad) mit 2,83 GHz und 4 GB Arbeitsspeicher unter Ubuntu 10.04.

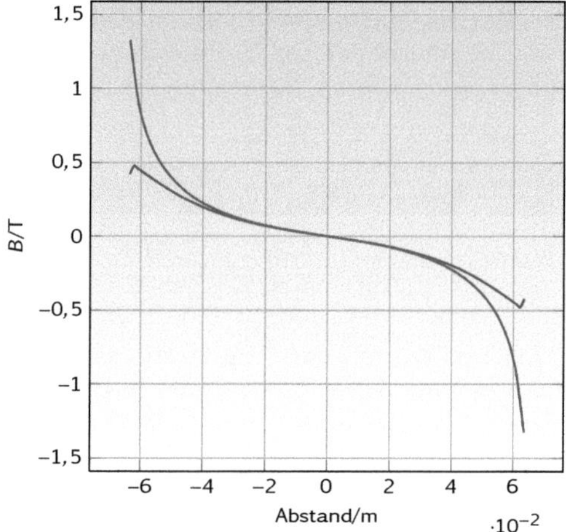

ABBILDUNG 3.31: Vergleich zwischen dem Magnetfeld (—) auf der z-Achse der z-Komponente aus [2] und dem optimierten Feld (—) aus Tabelle 3.12.

3.3.3 Geschwindigkeits-Optimierung

Ein wichtiger Punkt bei der MATLAB -Implementierung zur Simulation von Permanentmagneten ist der zeitliche Aspekt. Eine Alternative zur Würfeldiskretisierung ist beispielsweise den Zylindermagneten in Ringe zu diskretisieren. Diese Methode bringt eine deutlich gesteigerte Zeiteffizienz mit sich.

Methode	$\mathcal{P}_0$/s	$\mathcal{P}_1$/m	$\mathcal{P}_2$/h	$\mathcal{P}_3$/d
$t_{\text{Würfel}}$	2,527	4,211	7,019	29,244
t_{Ringe}	0,195	0,325	0,542	2,259

TABELLE 3.13: Vergleich zwischen Würfel- und Ring-Methode. Die Daten entsprechen einer Diskretisierung von 40 für jede Dimension. Der Rechner besitzt einen 2,4 GHz Intel Core 2 Duo Prozessor mit 4 GB Arbeitsspeicher und läuft unter Mac OS X 10.6.4.

Abbildung 3.32 und 3.33 zeigt den Unterschied beider Diskretisierungsmethoden. Ein weiterer Vorteil der Ring-Methode ist, dass sie das Zylindervolumen perfekt ausfüllen kann.

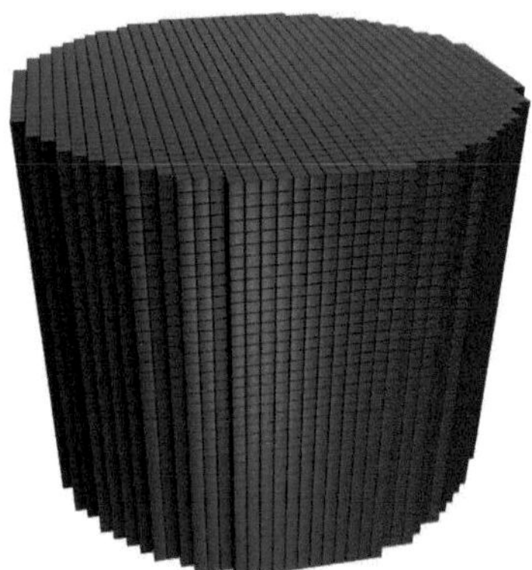

ABBILDUNG 3.32: Diskretisierung eines Zylindermagneten mit der Ring-Methode.

ABBILDUNG 3.33: Diskretisierung eines Zylindermagneten mit der Würfel-Methode.

Allerdings beschränkt sich die modifizierte Simulation ausschließlich auf die z-Achse zwischen den Magneten: x- und y-Werte können nicht verwendet werden. Da sich die vorangegangenen Optimierungssimulationen auch auf die z-Achse beschränken, bietet dies eine interessante Alternative.

Ring-Methode

Die Ring-Methode diskretisiert einen Zylindermagneten, wie der Name schon sagt, nicht in Würfel, sondern in Ringe (siehe Abbildung 3.32). Um nun einen solchen Ring berechnen zu können, muss Gleichung (2.3) modifiziert werden. Darum gehen wir nun in Kugelkoordinaten über. Da ein einzelner Ring aus mehreren Dipolen zusammengesetzt ist, geben wir zunächst

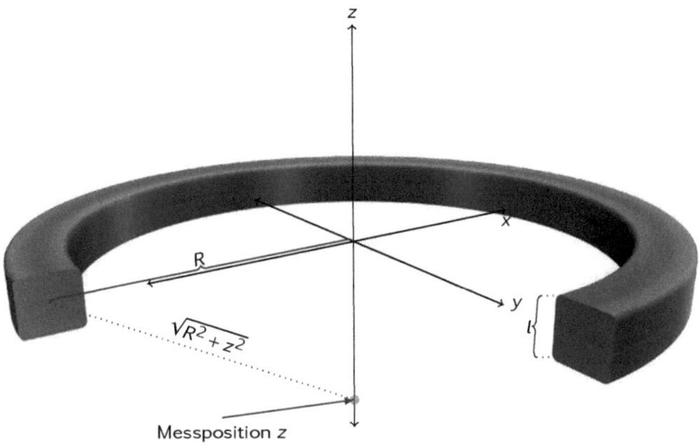

ABBILDUNG 3.34: Schema der Ring-Methode.

die Position der Dipole als Funktion des Winkels α an:

$$\mathbf{p} = \begin{pmatrix} R\cos(\alpha) \\ R\sin(\alpha) \\ p_z \end{pmatrix}. \tag{3.16}$$

R ist hier der Ringradius. Hieraus kann nun der Vektor $\mathbf{r}$ von der Dipolposition zur Messposition berechnet werden:

$$\mathbf{r} = \begin{pmatrix} 0 \\ 0 \\ z \end{pmatrix} - \mathbf{p}. \tag{3.17}$$

Als nächstes geben wir noch das magnetische Moment $\mathbf{m}$ an:

$$\mathbf{m} = \begin{pmatrix} M\cos(\alpha)\sin(\sphericalangle) \\ M\sin(\alpha)\sin(\sphericalangle) \\ M\cos(\sphericalangle) \end{pmatrix}. \tag{3.18}$$

Dabei ist $\sphericalangle$ wieder unser Magnetisierungswinkel. Mit dem Einheitsvektor $\hat{\mathbf{r}}$

$$\hat{\mathbf{r}} = \frac{\mathbf{r}}{\sqrt{R^2 + z^2}} \tag{3.19}$$

kann nun das Skalarprodukt

$$\mathbf{m} \cdot \hat{\mathbf{r}} = -\frac{MR\cos(\alpha)^2\sin(\sphericalangle)}{\sqrt{R^2 + z^2}} - \frac{MR\sin(\alpha)^2\sin(\sphericalangle)}{\sqrt{R^2 + z^2}} + \frac{M\cos(\sphericalangle)(z - p_z)}{\sqrt{R^2 + z^2}} \tag{3.20}$$

$$= \frac{-MR\sin(\sphericalangle) + M\cos(\sphericalangle)(z - p_z)}{\sqrt{R^2 + z^2}} \tag{3.21}$$

angegeben werden. Somit folgt für die z-Komponente der magnetischen Flussdichte $\mathrm{d}B_z$:

$$\mathrm{d}B_z(R, p_z, z) = \frac{M\mu_0\left(3R\sin(\sphericalangle)(-z + p_z) - \cos(\sphericalangle)\left(R^2 - 2z^2 + 6zp_z - 3p_z^2\right)\right)}{4\pi\left(R^2 + z^2\right)^{\frac{5}{2}}}. \tag{3.22}$$

Durch Integration von α von 0 bis 2π erhalten wir nun das komplette Feld B_z des Rings:

$$B_z(R, p_z, z) = \frac{M\mu_0 \left(3R\sin(\sphericalangle)(-z + p_z) - \cos(\sphericalangle)\left(R^2 - 2z^2 + 6zp_z - 3p_z^2\right)\right)}{2\left(R^2 + z^2\right)^{\frac{5}{2}}}. \tag{3.23}$$

Möchte man nun das Feld B_z eines Rings numerisch lösen, muss der Betrag der Magnetisierung M berechnet werden. Dieser setzt sich analog zu Gleichung (2.9) wie folgt zusammen:

$$M = \frac{B_r}{p_0}\Delta V. \tag{3.24}$$

ΔV lässt sich nun über den Innen- und Außenradius des Rings berechnen:

$$\Delta V = \pi R_{\text{außen}}^2 l + \pi R_{\text{innen}}^2 l \tag{3.25}$$

$$= \pi l \left(R_{\text{außen}}^2 - R_{\text{innen}}^2\right). \tag{3.26}$$

Nun erhalten wir

$$\Delta B_z(R, p_z, z) = B_r \pi l \left(R_{\text{außen}}^2 - R_{\text{innen}}^2\right)$$
$$\cdot \frac{\left(3R\sin(\sphericalangle)(-z + p_z) - \cos(\sphericalangle)\left(R^2 - 2z^2 + 6zp_z - 3p_z^2\right)\right)}{2\left(R^2 + z^2\right)^{\frac{5}{2}}}. \tag{3.27}$$

Daraus folgt für das Magnetfeld B_z am Punkt z eines in Ringen diskretisierten Zylindermagneten:

$$B_z(R, p_z, z) = \sum_{i=1}^{n_{\text{Ringe}}} \Delta B_z. \tag{3.28}$$

Zeitliche Analyse der Ring-Methode

Abbildung 3.35 stellt in Teil A. und B. zum einen die Ring-Methode und zum anderen die Würfel-Methode mit der jeweiligen Simulationsdauer für verschiedene Diskretisierungen dar. In Teil C. sind beide Methoden überlagert dargestellt.

Um einen Eindruck für den Zeitunterschied für hohe Diskretisierungen zu bekommen ist in Teil D. ausschließlich die Simulationsdauer geplottet. Vor allem der Bereich um eine Diskretisierung von 40 ist interessant, da alle Optimierungen mit diesem Wert durchgeführt wurden (siehe Teil E.). Hier beträgt für eine Diskretisierungen von 40 der zeitliche Unterschied beider Methoden $2{,}33\,$s. Das bedeutet $92\,\%$ Zeitersparnis. Vor allem für größere Simulationen, bei denen man mehrere Parameter variiert, lohnt es sich Permanentmagnete in Ringe zu diskretisieren. Bei drei Parametern kann man die Simulationsdauer von $29{,}244\,$d auf $2{,}259\,$d reduzieren. Weitere Werte sind in Abbildung 3.13 aufgelistet.

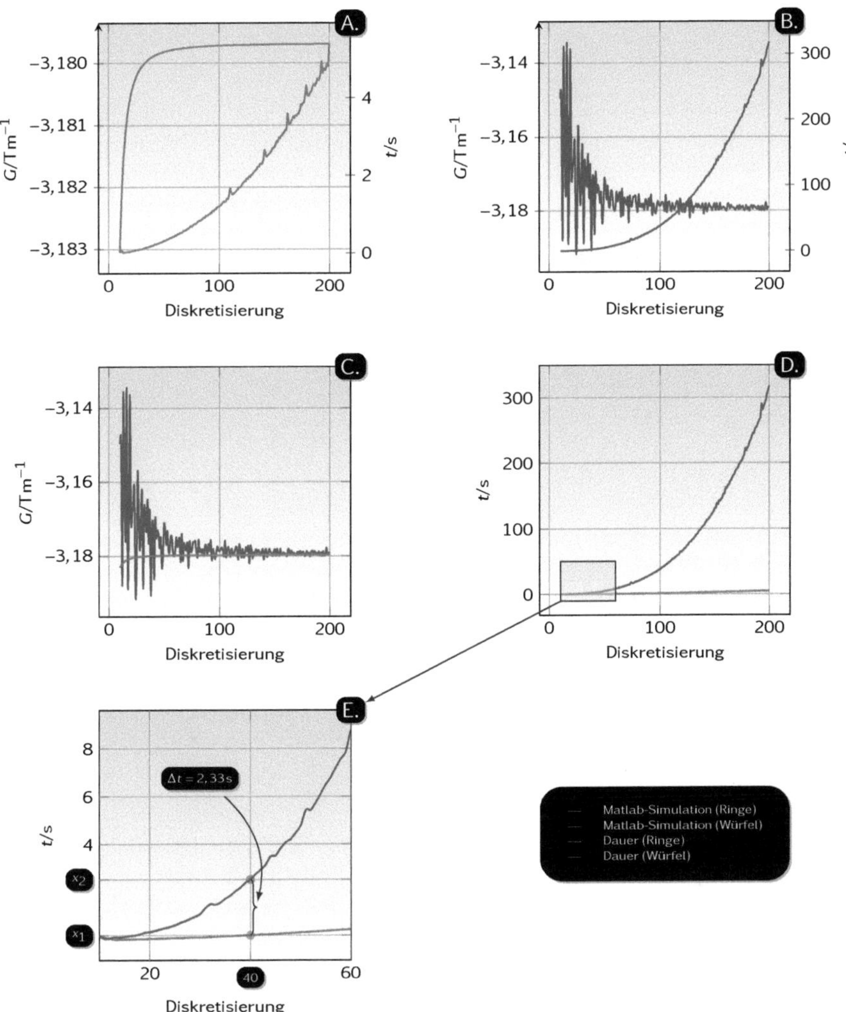

ABBILDUNG 3.35: Vergleich der Zeitersparnis zwischen Würfel- und Ringmethode: A. zeigt den Verlauf des Gradienten und der Zeit der Ringmethode für verschiedene Diskretisierungen. B. stellt analog dazu die Würfelmethode dar. C. bildet den Gradientenverlauf beider Methoden ab. D. und E. stellen den zeitlichen Verlauf dar.

——— 4 Diskussion und Ausblick ———

Zur Simulation von Magnetfeldern, die durch Permanentmagnete hervorgerufen werden, wurde eine Simulationsumgebung auf Basis des Gilbert-Modells in $\textsc{Matlab}$ implementiert.

In Abschnitt konnte die Funktionalität der $\textsc{Matlab}$ -Implementierung evaluiert werden. Der Vergleich zur Simulationsumgebung $\textsc{ScannerConf}$ zeigte einen minimalen relativen Fehler und bestätigt die Gleichwertigkeit von Ampère- und Gilbert-Modell zur Berechnung von Permanentmagneten. Höhere Diskretisierungen des Gilbert-Modells wirkten sich zudem positiv auf die Fehlerminimierung aus. Hier konnte eine Diskretisierung mit gutem Kompromiss zwischen Genauigkeit und Simulationsdauer gefunden werden. Grundsätzlich sollte man jedoch die Diskretisierung so hoch wie möglich wählen, um genauere Ergebnisse zu erhalten. Der anschließende Vergleich der zu vermessenden Magnetanordnung gestaltet sich jedoch als größere Herausforderung.

Als besonders problematisch stellte sich das Positionieren der Hall-Sonde und die anschließende Fehlerbetrachtung heraus. So konnte eine minimale Verschiebung und Drehung der Felder nicht ausgeschlossen werden.

Auf Grund der verwendeten Folie zur Positionierung der Hall-Sonde, konnte diese gut in y- und z-Richtung ausgerichtet werden. Daher lag die Vermutung nah, die größtmögliche Verschiebung in x-Richtung aufzufinden. Durch geeignete Verschiebung des simulierten Feldes, konnte der relative Fehler des Absolutbetrags auf unter $10\,\%$ minimiert werden.

Da als Herstellerangabe für die Magnetisierung der Permanentmagnete nur ein Wertebereich angegeben wurde, musste die diese nachträglich berechnet werden. Die korrigierte Magnetisierung beträgt $6,366 \cdot 10^5\,\mathrm{Am}^{-1}$.

Parameter	$\sphericalangle_{var} + {}^r\!/l_{var}$	Einheit
G_{max}	$-4,416$	Tm^{-1}
G-Optimierung	$139,238$	%
$\sphericalangle$	$-0,809$	rad
${}^r\!/l$	$1,661$	–
r	$4,961 \cdot 10^{-2}$	m
l	$2,986 \cdot 10^{-2}$	m
V	$2,309 \cdot 10^{-4}$	m^3

TABELLE 4.1: Permanentmagnetparameter für den maximalen Gradienten ohne Volumenänderung.

Eine optimale Fehlerbetrachtung müsste zusätzlich y- und z-Komponente, sowie eine Drehung des gemessenen Feldes, beinhalten. Das hieße, dass man das gemessene Feld mit einem simulierten Volumen vergleichen muss, um damit Verschiebung und Verdrehung zu bestimmen. Dies würde allerdings aufgrund der Komplexität den Rahmen dieser Arbeit sprengen.

Mit der evaluierten Implementierung wurde schließlich untersucht, ob für die Permanentmagnetgeometrie aus [2] optimale Parameter gewählt wurden. Es stellte sich heraus, dass man den Gradienten deutlich erhöhen bzw. bei gleichem Gradienten das Volumen minimieren kann.

Hier ist besonders folgendes Ergebnis der Gradientoptimierung aus Abschnitt hervorzuheben: so konnte bei gleichbleibendem Volumen und Wahl der Parameter aus Tabelle 4.1 der Gradient um $39,2\,\%$ verbessert werden.

Parameter	Wert	Einheit
Ausgangsvolumen	$2,309 \cdot 10^{-4}$	m^3
Ausgangsgradient	$-3,172$	$T\,m^{-1}$
Optimiertes Volumen	$1,286 \cdot 10^{-4}$	m^3
Optimierter Gradient	$-3,176$	$T\,m^{-1}$
Volumenersparnis	$44,310$	$\%$
r/l	$1,897$	–
r	$4,266 \cdot 10^{-2}$	m
l	$2,249 \cdot 10^{-2}$	m
$\sphericalangle$	$-0,873$	rad

TABELLE 4.2: Permanentmagnetparameter für das minimale Volumen ohne Änderung des Gradienten.

Die Volumenminimierung zeigte, dass ein $44,3\,\%$ kleineres Volumen, mit entsprechender Magnetisierung- und Geometrieänderung, einen gleichen Gradienten im feldfreien Punkt geliefert hätte. Die Parameter dieser Geometrie sind in Tabelle 4.2 zusammengefasst.

Die langen Laufzeiten aus Abschnitt erforderten viel Rechenleistung, konnten aber durch parallele Nutzung mehrerer Rechner realisiert werden. Aus den symmetrischen Eigenschaften der Magnetfeldsimulation aus Abschnitt , ließ sich schließlich eine alternative Permanentmagnetberechnung implementieren. Diese nutzt eine ringförmige Dipoldiskretisierung (Abschnitt). So ließ sich einerseits die Simulationsdauer um $92\,\%$ verkürzen, und andererseits das Zylindervolumen aus den Ringen sehr gut beschreiben, was genauere Simulationsergebnisse lieferte. Jedoch beschränkt sich diese Methode lediglich auf die Berechnung der z-Komponente des Magnetfelds entlang der Mittelachse zwischen zwei Zylindermagneten.

Nun gilt zu klären, inwiefern die Resultate in der Realität umsetzbar sind. Dazu muss man sich im Klaren sein, dass für die Erstellung einer optimierten Permanentmagnetanordnung die Materialkosten und die technische Umsetzung nicht zu vernachlässigen sind. Die technische Umsetzung unterteilt sich vor allem in den zur Verfügung stehenden Platz für die Permanentmagnete und in die Realisierbarkeit der gekippten Magnetisierung.

Ersteres schränkt die Variationsbereiche für Volumen und Radius-Längen-Verhältnis der
Magnete ein. Für die praktische Umsetzung einer entsprechenden Permanentmagnetanordnung, müssten die Zylindermagnete eine kontinuierlich variierenden Magnetisierung
aufweisen. Da dies in der Praxis kaum umsetzbar ist, verwendet man zur Realisierung einer
variierenden Magnetisierungsrichtung, eine Segmentierung des Magneten in kleine Blöcke,
innerhalb derer die Magnetisierungsrichtung konstant ist. Diese Segmentierungsmethode
wird in der Magnetresonanztomographie verwendet, indem die Magnetkonfiguration aus
mehreren kleinen Magneten zusammengesetzt wird [15, 16]. Dieses spezielle Verfahren
beeinflusst natürlich wiederum die Fertigungskosten.

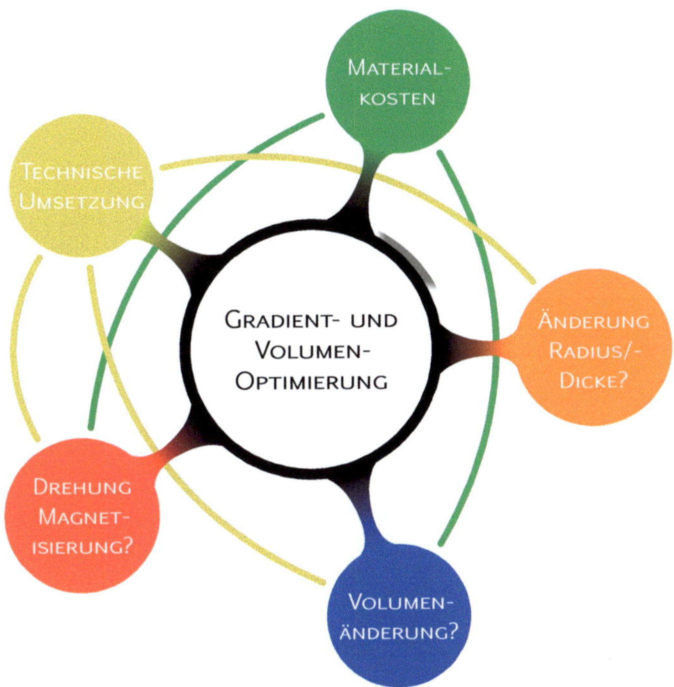

ABBILDUNG 4.1: Abhängigkeiten der verschiedenen Faktoren, um eine Permanentmagnetanordnung zu optimieren und zu realisieren.

Wie die einzelnen Faktoren sich gegenseitig beeinflussen ist Abbildung 4.1 schematisch
dargestellt.

In dieser Arbeit bezog sich die Magnetfeldsimulation auf Permanentmagnetgeometrien,
die einen feldfreien Punkt im Zentrum der Anordnung generieren. Ein neueres Modell der
Signalkodierung nutzt anstelle des feldfreien Punktes, eine feldfreie Linie (engl. field-free
line) (siehe [17]).

Diese Methode konnte im Laufe der Zeit ständig verbessert werden (siehe [18, 19]). Kürzlich wurde gezeigt, dass die feldfreie Linie erzeugende Spulenanordnung durch Perma-

nentmagnete ersetzt werden kann [20]. Auch hier bedarf es weiterer Forschungs- und Optimierungsarbeit, um ein optimales Scanner-Design zu entwickeln.

Literatur

[1] B. Gleich und J. Weizenecker *Tomographic imaging using the nonlinear response of magnetic particles. Nature*, **435**(7046): 2005.

[2] J. Weizenecker et al. *Three-dimensional real-time in vivo magnetic particle imaging. Physics in Medicine and Biology*, **54**(5): 2009.

[3] J. Rahmer et al. *Signal encoding in magnetic particle imaging: properties of the system function. BMC Med Imaging*, **9**(4): 2009.

[4] J. Weizenecker, J. Borgert und B. Gleich *A simulation study on the resolution and sensitivity of magnetic particle imaging. Physics in Medicine and Biology*, **52**(21):6363 – 6374, 2007.

[5] W. Nolting. *Grundkurs Theoretische Physik 3: Elektrodynamik*. 8. Auflage. Berlin: Springer, 2007.

[6] G. Lehner. *Elektromagnetische Feldtheorie*. 7. Auflage. Berlin: Springer, 2010.

[7] IBS Magnet. *IBS Magnet - NdFeB-Magnet*. 13. September 2010. URL: http://www.ibsmagnet.de/products/dauermagnete/neodelta.php.

[8] S. Chikazumi und C. D. Graham. *Physics of Ferromagnetism*. 2. Auflage.: Oxford University Press, USA, 1997.

[9] C. P. Bean und J. D. Livingston *Superparamagnetism. Journal of Applied Physics*, **30**(4): 1959.

[10] W. Demtröder. *Experimentalphysik 2*. 2. Auflage. Berlin: Springer, 2009.

[11] T. Knopp. *Effiziente Rekonstruktion und alterantive Spulentopologie für Magnetic-Particle-Imaging*. Diss. Universität zu Lübeck, 2010.

[12] T. Knopp et al. *Model-based reconstruction for magnetic particle imaging. IEEE Trans Med Imaging*, **29**(1): 2010.

[13] T. Knopp et al. *Weighted iterative reconstruction for magnetic particle imaging. Phys Med Biol*, **55**(6): 2010.

[14] Å. Björck. *Numerical Methods for Least Squares Problems*. Philadelphia, PA: SIAM, 1996.

[15] C. Hugon et al. *Design, fabrication and evaluation of a low-cost homogeneous portable permanent magnet for NMR and MRI. Comptes Rendus Chimie*, **13**(4): 2010.

[16] C. Hugon et al. *Design of arbitrarily homogeneous permanent magnet systems for NMR and MRI: Theory and experimental developments of a simple portable magnet. Journal of Magnetic Resonance*, **205**(1): 2010.

[17] J. WEIZENECKER, B. GLEICH und J. BORGERT *Magnetic particle imaging using a field free line. Journal of Physics D: Applied Physics*, **41**(10): 2008.

[18] T. KNOPP, T. F. SATTEL und S. Biederer T. M. BUZUG *Field-Free line formation in a magnetic field. Journal of Physics A: Mathematical and Theoretical.* **43**(1): 2010.

[19] T. KNOPP et al. *Efficient generation of a magnetic field-free line. Medical Physics,* **37**(7): 2010.

[20] T. KNOPP et al. *Generation of a static magnetic field-free line using two Maxwell coil pairs. Appl. Phys. Lett.* **97**(9): 2010.

Wir verlegen Ihre wissenschaftlichen Schriften

Bachelor- und Masterarbeiten,
Dissertationen und Habilitationen,
Monografien und Tagungsbände, etc.

Kostenlose Verlegung als Buch mit ISBN-Nummer
und Aufnahme in die Deutsche
Nationalbibliothek

Hochwertiger Buchdruck in nachhaltiger
Produktion (FSC-zertifiziert)

Günstiger Bezug von Autorenexemplaren
Weltweite Präsenz Ihres Werkes bei den
großen Händlern: Amazon, Thalia,
Hugendubel, Barnes & Noble u.v.m. sowie
optional als eBook

www.infinite-science.de/publishing

Infinite Science GmbH
MFC 1 | BioMedTec Wissenschaftscampus
Maria-Goeppert-Str. 1, 23562 Lübeck
book@infinite-science.de